閱讀職人帶路的
日本特色書店

從北海道到沖繩的全日本在地書店 182 選，
獨立書店、二手書店、複合式書店、書店住宿等等。

人生必要的知識，讓生活更美好的處世之道，前所未聞的世界種種軼事⋯⋯等等那些充滿作者及編輯各種夢想的書本，不知道讓我們從中獲得了多少有用的養分。但是，書本的魅力不只如此，每當我們翻開手裡的書頁，當時購買的記憶就會突然在腦海裡浮現。

「這本書好像是去年暑假在旅途中買的」，「那個時候突然下起傾盆大雨，還擔心特地買來的書會被淋濕」，「我記得這本書好像是書店主人推薦的⋯⋯不知道那個書店主人現在是不是還健在」──親自到書店裡選購的書，充滿了屬於那個時空

照片：惠文社　一乘寺店　攝影：松村シナ

你的那本書，是在哪裡相遇
的？又充滿著何種旅行的回憶
呢？

在旅途經過的書店裡，碰巧看
到當地出版社或作家所寫的有
趣書籍；臨時想歇歇腳而走進
咖啡廳書店，結果偶遇一本讓
自己喝著美味咖啡讀得忘我的
好書；在歷史悠久的古書店
中，挖到了只能在那裡買到的
稀缺孤本；在憧憬已久、一直
想去的書店裡，買到了書店主
人推薦的書……。

的回憶，正因為如此才讓這本
書顯得份外特別，不斷地在書
架上閃閃發光。

Category 01 / Kansai　　關西

fin.

Category 03 / *Kanto* 　　　　　　　　　　　　　　　關東

※ 店鋪情報裡所記載的公休日，是除了「新年假期」、「暑期休假」之外的一般休息日。詳細狀況請參考各店家的官方網站。

※ 本書所刊登的照片是2018年採訪當時的狀況，店內展示或擺設可能會有所不同。

※ 書中資訊是截至2019年10月出版前的內容，出版後可能會有無法預期的情況，請多加見諒。

Category

01

關西

Kansai

關西地區由僅次於東京的大都市大阪、至今仍遺留著古都風情的京都等2府4縣所組成，許多間充滿獨特文化、享譽全國的著名書店都座落在關西地區，是愛書人不可錯過的地方。

其中，聚集最多受到矚目書店的就是京都。像是現在風行日本各大書店，在書本與書本中間陳列相關商品的店內設計，最早開始的先驅者就是京都的「惠文社一乘寺店」（P.014）。與書店同樣受到關注的名人店長堀部篤史先生，現在已經離開惠文社，於2015年獨立開設「誠光社」書店（P.020）。還有，以獨特個性聞名的「ガケ書房（崖書房）」，歷經搬離原址、改名之後，現今與古書文化雜貨店「Kotobayo Net」合併成「ホホホ座淨土寺店（HOHOHO座淨土寺店）」（P.012）。

「竹苞書樓」（P.023）仍然健在，也只有擁有悠久歷史及文化的京都古城，才能存在著如此多元及獨特的書店風景。

再來是大阪，雖然這座城市四處林立著超大型書店，但是，具有地域特性的獨立書店同樣都被料理相關書籍佔據的「波一半空間都被料理相關書籍佔據的「波屋書房」（P.037），就是非常具有大阪這個被稱為「天下廚房」城市特色的書店。

過去深受川端康成等文豪喜愛的老店的書店。此外，覆既定形象的全新型態書店。顛獨特視點及管道搜羅而來的書籍，以惠文社為首，店內擺放的都是透過

KANSAI

執筆

江角悠子 えずみゆうこ

現任自由作家以及編輯。1976年出生，大學畢業後曾在出版社及廣告代理公司工作，於2006年起成為自由作家。以京都為據點，從事雜誌及京都相關書籍內容的撰文。自2018年春天起，擔任以茶為主題的網站媒體「Teapot Mag.」的總編輯，偶爾兼任大學講師。曾以「雛鳥會」會員身分共同出版《京都・晨間散步》（扶桑社出版）一書。

兵庫縣自從歷經1995年阪神大地震的慘劇，街道模樣完全改變了，但是仍舊有許多新的書店不斷誕生。像「ブックランドサンクス 宝塚ソリオ店（Bookland Thanks 寶塚SORIO店）」（P.042）、「ウラン堂（烏蘭堂）」（P.043），就透過戲劇或藝術相關的書籍推廣當地文化。另外，奈良比起其它府縣，書籍市場及閱讀人口都要少一點，所以沒有超大型書店。不過，相對地發展出「絵本とコーヒーのパピリオン（繪本與咖啡的帳篷）」（P.044）及「とほん（与書）」（P.045）這種特色鮮明的獨立書店。除了上述提到的書店，關西地區還有許多個性顯著的書店，如果來到這裡，大家可以預留更多時間尋訪這些有趣的書店。

C 最靠近入口的平台，擺放著書店主理人山下賢二大力推薦的書籍。**D** 書櫃上標示著文學、漫畫、雜學、鄉土＆宗教、藝術、料理、生活風格等類型的分類表，是附近其它店家店員的原創設計。**E** 女性員工精選的雜貨也大受歡迎，1樓內部附設了展示區。

A 整面玻璃牆讓店內一覽無遺，營造出可以輕易進出的氛圍。**B** 入口處是醒目的巨大招牌，1樓是新書區及點心區、2樓則是二手書及生活雜貨區。

01

以「很多書的特產店」自稱

ホホホ座 浄土寺店

（HOHOHO座 浄土寺店）

NEW OLD

BOOKS	—	以生活風格及自我啟發類的書籍為主。
SHOP NAME	—	原本是為了某次特別活動所取的名字，後來變成編輯企劃團隊的名稱，最後則成了店名，店名的重點在於對稱的語感。
OPEN DAYS	—	2015年4月1日

提

到「外牆酷似懸崖、半輛Mini Cooper突出牆外的獨特外觀」，每位愛書人應該都會立刻想到——「ガケ書房（崖書房）」。「崖書房」於2015年搬離原址、改名，最後與古書文化雜貨店「Kotobayo Net」合併為「ホホホ座」。

「與其說是我們自己選書，倒不如說是客人在幫我們選書。」書店主理人山下賢二這麼說。做為京都個性派書店中極為知名的書店主理人，他說話的口吻非常溫和。由於到訪的顧客多半是「比起已知的情報，更想獲得新知」的類型，因此在他的店裡，「市面上的暢銷書反而比較賣不出去」。另外，為了讓平常不太讀書的人也能輕鬆地拿起書來看，店內書籍在視覺及主題上也大多屬於幽默輕鬆取向的類型。但是，這家店並不會慎重其事地看待書本這個商品，而是與店裡的點心或雜貨一樣，當成顧客直接來現場可以順手買回家的旅行特產之一。

作為京都旅行的特產，來這裡買一本書如何呢？

Category of : Kansai

地址 I 京都市左京區浄土寺馬場町71
HI-NEST BLDG. 1F・2F
電話 I 1F／075-741-6501・2F／075-746-5185
營業 I 1F／11:00～20:00・2F／11:30～19:00
公休 I 1F／無休・2F／週三
車站 I 在JR京都站搭乘市公車・於錦林車庫前站或
　　　淨土寺站下車再步行5分鐘。
HP I http://hohohoza.com
📍從白川通往東走，就位在白川通與哲學之道中間。

書店主理人山下賢二自稱是「亂讀派，車裡總是放著10本左右的書，看心情選擇」。他所帶領的「ホホホ座」也承接編輯企劃的工作。他與三島社（2019）合作的《ＨＯＨＯＨＯ座的反省文》一書於2019年6月出版。而之前摘錄其自傳散文《ガケ書房の頃》（崖書房當時）的繪本書《やましたくんはしゃべらない山下》（同學不說話），則在2018年11月由岩崎書房出版。

攝影：松村シナ

被

英國衛報 The Guardian 評選為世界十大最美書店之一（The world's 10 best bookshops），也是日本唯一入選的名店「惠文社一乘寺店」。即使經過 40 年的悠久歷史，仍一直以「讓人與書本不期而遇的選物書店」深受眾人喜愛，也是「誠光社」（P.020）書店主理人堀部篤史獨立前的老東家。

目前接任店長的鎌田裕樹，年輕成為優勢，表示「雖然有壓力，但是希望自己能打造出一個讓遠道而來的客人都能充份享受的空間」。店裡除了書本之外，還販賣 CD 及服飾，展示區也每週更新，中庭內部的空間還能喝茶休息。用書本以外的商品創造出活絡的氛圍，也是這家店的魅力之一。

就是因為確立了獨特的品牌形象，這家店才能緩慢持續地進化。鎌田裕樹說，「希望客人不定期的每次造訪，都能屢屢為我們獨特的店內陳設驚嘆。」在現今這個實體書店越來越難銷售的時代，期待下一個世代所創造的新未來。

🅐 這家店率先在書店裡陳列書本以外的商品，打造出獨特的空間氣氛，是個性派書店的先驅。🅑 由資深店員負責的奇幻文學區，擁有其它書店無法複製的選書品味。🅒 店內還有以生活類書籍及雜貨販售為主的「生活館」、書店附設藝廊「Enfer」、可以舉辦活動的「COTTAGE」，空間多元又多彩。

02

引領「存在著書本的生活風格」之先驅者

惠文社 一乘寺店

NEW OLD

BOOKS	— 文藝書、繪本、藝術設計等類型
SHOP NAME	— 由來不明
OPEN DAYS	— 1975年10月（說法眾多）

地址 ｜ 京都府京都市左京區一乘寺払殿町 10
電話 ｜ 075-711-5919
營業 ｜ 10:00 ～ 21:00
公休 ｜ 全年無休（除新年假期）
車站 ｜ 在叡山電鐵叡山本線或鞍馬線一乘寺站下車，再步行 3 分鐘。在京都市營地鐵北大路站搭乘市公車，於高野站下車後步行 5 分鐘。
HP ｜ http://www.keibunsha-store.com

座落在一乘寺的街道中心，門口醒目的木製藍色招牌為型染作家關美穗子親手製作。

由於惠文社具有一定程度的規模，因此充滿深度的選書成為這家書店的固定風格。對常客或觀光客都同樣重視，並且尊重每位造訪者「想讀好書」的心情，經營理念是「保有純度，提高廣度」。

攝影：松村シナ

Ⓐ像是去朋友家拜訪般充滿親切感的空間，穿插其中的雜貨也巧妙地營造出懷舊的氣氛。Ⓑ採光良好的 2 樓空間十分寬廣，可以慢慢欣賞作品及享受與書本共處的感覺。Ⓒ近代文學、海外文學、料理書、藝術書及文庫本等，每類書籍都有大致的擺放位置。

地址 ｜ 京都府京都市左京區一乘寺大原田町 23-12
電話 ｜ 090-1039-5393
營業 ｜ 11:00 ～ 18:00
公休 ｜ 每週五
車站 ｜ 在叡山電鐵叡山本線或鞍馬線一乘寺站下車再步行 4 分鐘。
HP ｜ http://mayaruka.com

📍 復古風的紅磚外牆，門口有個畫著小小的手的白色木製招牌。

03

充滿舒適及親切感的空間

マヤルカ 古書店

（手心之中古書店）

NEW OLD

BOOKS ── 綜合類型

SHOP NAME ── 「Моя рука」是俄文「我的手」的意思。想呈現一種書本被捧在手心，以及手作的溫暖感。

OPEN DAYS ── 2013 年 11 月 23 日

マヤルカ古書店於 2017 年 11 月從原本京都西陣的搬到了一乘寺。

這間遺留著昭和懷舊感的兩層樓書店，面積比以前要大上許多，書籍量也多了 2 倍。雖然也增加了新書的數量，但九成以上仍然是二手書。對於書籍的淘換也很積極，「這附近有很多愛書的人，因此經常能找到雖然舊卻值得放在手邊珍藏的好書。」書店主理人中村小姐這麼說。

2 樓除了擺放新書，還有一個展示空間，定期舉辦原畫展等活動。書與書的縫隙間穿插著作家親手製作的雜貨、店長中村小姐喜愛的木芥子（日本東北地區的一種傳統人偶玩具），還有純樸可愛的鄉土玩具，打造出一個讓人心情平靜的空間。

店裡還能買得到木芥子。書店主理人愛木芥子成痴，甚至每年都舉辦「木芥子博覽會」。

咖啡吧台整個都被書櫃包圍，店內的飲食大部分都可以外帶或帶進電影院。
攝影：倉村あかり

地址 ｜ 京都府京都市上京區三芳町 133 出町座 1F
電話 ｜ 非公開
營業 ｜ 10:00 〜 23:00（依日期可能有變動）
公休 ｜ 依出町座的營業時間為準
車站 ｜ 在京阪鴨東線或叡山電鐵叡山本線出町柳站
　　　下車再步行 5 分鐘。
HP ｜ http://cvbks.jp

📍 位在出町桝形商店街全新複合式設施「出町座」的
一樓，代表性標誌是深紅色的外觀及獨特的電影海報。

通往 2 樓電影播放空間的樓梯旁也塞
滿了書，1 樓還有畫廊、多功能空間
及辦公室。

04

京都首發！全新的文化據點

CAVA BOOKS

（月1〜2回）

BOOKS	電影、文藝、生活風格相關的書籍
SHOP NAME	源自小濱市到京都出柳這個古代運貨路線的暱稱「鯖街道」。
OPEN DAYS	2017 年 12 月 28 日

結　合書店、電影院與咖啡廳的空
間，是出町桝形商店街這兩年新
開張的全新複合式設施「出町座」，取
代大廳做為一樓重要門面的是「CAVA
BOOK」書店咖啡廳。

「CAVA」在法文裡是「嗨，你好嗎？」
的意思，也是這條商店街的地下口號。

「CAVA BOOKS」由四位在出版業、設
計業等不同領域的成員所規劃設計，
「所以我們想取個可以融入當地的店
名」，在電影藝術出版社（filmart）工
作並同時經營這家書店的宮迫憲彥
說，「雖然作為書店，我們的書本數
量不多，但是回頭客的比例卻很高，
因此一旦書賣掉了，就不會再補貨，而
是會進新書。」這是一間可以給大家
帶來新發現的祕密書店

A 店內約有 200 冊的繪本。為了讓造訪者能同時享受語言及交流的樂趣，有時也會舉辦朗讀或鋼琴演奏會等活動。B 訂下「感受『現在』的繪本」、「實現願望的繪本」等各種主題，大約每 3 個月更換一次主題內容。C 每本繪本都附有書店主理人福田的簡短解說。

地址	京都府京都市左京區上高野白川通與寶池通
電話	交叉口
營業	075-708-7178
公休	13:00 ～ 18:00（最後點餐 17:00）
	週二～四（假日營業／臨時公休請參閱網站公告）
車站	在京都市營地下鐵烏丸線國際會館站（3 號出口）或叡山電鐵叡山本線八幡前站下車再步行約 6 分鐘，或是搭乘市公車 5 號系統在上高野站下車即抵達。
H P	http://hibikikan.com

※ 注意事項：館內禁止高聲聊天，兒童不能入館。
♦ 讓人聯想到高原裡被綠意包圍，像木屋一般的建築物。

入館費 650 日元（含飲料）。還可另外加點甜點。

05

讓大人也能接觸繪本的空間

小さな絵本美術館 カフェ・響き館

（小小繪本美術館 Cafe・回音館）

NEW OLD

BOOKS	日本國內外的繪本以及少量外文書
SHOP NAME	以創造一個能讓繪畫、語言及聲音（朗讀聲或音樂）彼此共鳴、產生回音的空間為發想。
OPEN DAYS	2010 年 4 月 22 日

書店主理人福田真人曾拜訪以「將繪本從兒童的領域解放出來」為概念的安曇野繪本館（長野縣），並深受感動，因此以該繪本館為範本，打造了這間「大人限定」的繪本咖啡廳，期望創造出一個能讓人靜心欣賞繪本的空間。店內放置著許多讓大人們都愛不釋手的好書。書本的陳列方式是將書封展示出來，就像在欣賞繪畫般令人愉悅的感覺油然而生。輕輕流淌在店內的古典音樂，現磨咖啡及充滿高雅香味的隆納菲高級紅茶（Ronnefeldt）—在門的後面，是一個可以讓人沉迷於繪本世界的靜謐空間。

Ⓐ很多時候，客人和店員結帳結到一半就聊起來了。Ⓑ員工們親手裝飾的凹間（和式建築獨特的空間設置），許多人都很期待這個多樣化的空間。Ⓒ手工製作的幸運籤，不知道要讀什麼時可以試著抽籤，或許會是吉喔！

需要脫鞋的榻榻米空間，讓每位造訪者都能心情平靜下來。許多人也會圍坐在一起看書玩牌或是盡情暢談。（該圖為舊址的空間，但是新址也設有榻榻米的空間）

06

出版社直營！員工輪流看店

ミシマ社の本屋さん

（三島社的書店）

NEW 👛 🚩

地址 | 京都府京都市上京區新烏丸頭町 164-3
電話 | 075-746-3438
營業 | 請參閱網站公告／12:00～17:00
公休 | 請參閱網站公告
車站 | 在京都市營地下鐵烏丸線丸太町站下車再步行約 14 分鐘或在京阪本線神宮丸太町站下車再步行 9 分鐘。
HP | https://mishimasha.com/kyoto

BOOKS — 以自家出版社的書為主，綜合類型
SHOP NAME — 源自自家出版社的名稱
OPEN DAYS — 2012 年 1 月

這個新系列的創意來自「想和出版社一起創作」的想法，名字就叫「自己來賣書 books」！

在出版社的工作之餘，不定期營業的書店「ミシマ社の本屋さん」。除了自家出版社的書，還會直接跟其它出版社聯繫進貨。「充滿令人愛不釋手的書」是這家書店的魅力。出版社的辦公室和書店設置在一起，讀者可以親臨書本製作的現場，出版社也可以直接聽到讀者的聲音，是個非常獨特的環境。不只是書本的製作，書店在行銷上也花費許多功夫，像是舉辦「邀請作者當一日店長」或公開企劃會議等等的活動。

透過玻璃窗所傳遞的沉靜氛圍，展現出堀部篤史本人的特質。隔壁咖啡廳「ItalGabon」所吸引的優質顧客，也是這家店能在此地立足的原因之一。

地址｜京都府京都市上京區中町通俵屋町 437

電話｜075-708-8340

營業｜10:00 ～ 20:00

公休｜無休（除了 12/31 ～ 1/3，臨時公休請參閱網站或 Twitter）

車站｜在京阪鴨東線神宮丸太町站下車再從 3 號出口步行 3 分鐘。

HP｜https：//www.seikosha-books.com

從大馬路轉進巷子裡的獨棟建築。

陳列著獨特通路進貨的書籍

誠光社

NEW OLD

BOOKS — 綜合類型

SHOP NAME — 源自從前位於熊野神社前的「西川誠光堂」書店，以舊時印刷屋的風情為訴求。

OPEN DAYS — 2015 年 11 月 25 日

針

對主題做出深度選書，牢牢抓緊最核心的目標顧客。舉例來說，店內不會陳列實用的料理書，而會擺放挖掘更深層料理文化的「飲食文學書」。書店主理人堀部篤史說：「像我們這種規模的書店，如果讀者只是想要來找書，大部分時候應該都找不到。所以，我們希望大家能來店裡看我們挑選的書，親自體會與未知的書本相遇的快樂。」

近來，越來越多追求薄利多銷的書店倒閉，人事費逐年刪減，誠光社嘗試增加這種工作場所與居住地一致、可以直接進行銷售販賣的出版社，藉以提高利潤，目標是打造出「每 1 萬人社區群體就能成立的書店」。

希望什麼樣的顧客來書店？又想為來店的顧客提供什麼樣的書？堀部篤史將選書重點放在「與顧客之間的拔河」，這部分非常需要親眼去見證。

店內充滿著溫暖的木質感，能讓人慢慢地欣賞每一本書。位在空間裡側的收銀台，周圍經常不定期舉辦作品展，許多顧客會特地為了這些活動的週邊產品而造訪。

A 相對於書店規模，展示書封的陳列方式可以說是非常奢侈。**B** 店內還有展示空間，約每半個月舉辦一次企畫展。**C** 店內也製作、販賣筆芯極為滑順的簽字筆等獨家商品。**D** 書店開設兩年半的時間已出版了6本書。

攝影：松村シナ

店內幾乎沒有大型書店或便利商店隨手可買到的雜誌。鎮店之書是詩人、評論家吉本隆明的作品，收藏十分齊全，旁邊還有目錄可以確認。

08

不管幾次都要說，我們是賣新書的書店！

三月書房

  NEW

BOOKS	— 綜合類型
SHOP NAME	— 因為在 3 月開店而得名
OPEN DAYS	— 1950 年 3 月

地址 ┃ 京都府京都市中京區寺町通要法寺前町 721
電話 ┃ 075-231-1924
營業 ┃ 12:00 ～ 18:00
公休 ┃ 週一、週二
車站 ┃ 在京都市營地下鐵東西線京都市役所前站下車，再從 11 號出口步行 2 分鐘。
HP ┃ http://web.kyoto-inet.or.jp/people/sangatu

📍 店鋪曾於 1970 年代初改建，從道具屋（生活用具）街時期開始就守護著商店街的變遷。

最受歡迎的是特價新書區（價格自訂），特價書也能郵購。

或許是因為沉穩的店內擺設，許多歷史悠久的書店通常會被誤認為二手書店，再加上店裡陳列著眾多貼著低於半價價格的標籤，因此會被誤會也很正常。雖然店內全都是新書，但是大膽的價格設定經常讓人難以置信。

經過詢問之後才知道，原來店裡的書都是出版社倒閉之後搜集而來的特價書，或者是以促銷為目的、可以自訂賣價的書。雖然有些是業內的滯銷書，狀態不是很好，但仍然可以算是物美價廉。

「別處看不到的書比較適合我們家，如果連亞馬遜都沒有那就更好了」，這種奇特的選書方式，就是這家店的魅力。

A 每代書店主理人都叫佐佐木惣四郎。書店主理人說，「珍稀度、內容價值、狀態良好是本店選書的堅持。」B 層疊堆積的大量古書充滿具有衝擊性的魄力，書店裡側的空間還有書庫。C 店門口陳列著較易入手的美術書。

09

京都最古老的古書店

竹苞書樓

OLD

BOOKS	古典籍、美術書等
SHOP NAME	創業當時是漢學典籍專門書店，店名取自《詩經》小雅斯干篇。
OPEN DAYS	1751 年

地址 ｜ 京都府京都市中京區寺町通下本能寺前町 511
電話 ｜ 075-231-2977
營業 ｜ 10:00 ～ 19:00
公休 ｜ 週四
車站 ｜ 在京都市營地下鐵東西線京都市役所前站下車，再從 6 號出口步行 2 分鐘。
HP ｜ http://www.teramachi-senmontenkai.jp/shop/s06/s06btm.html

📍 位於寺町專門店會商店街內，街道東側座落著不少寺院。

現今極為稀少的京町家（日式傳統房屋建築），折疊式長台是町家特有的「收納式長板凳」。

創

立於寬延年間（1750 年前後），連川端康成及富岡鐵齋等文人都曾來這裡找書、買書的竹苞書樓，在天明（18世紀末）、元治（19世紀中）經歷過兩次大火燒毀，於江戶時代再度重建。

店內以明治時期以前木版印刷的古典書籍為主，許多追求「學習還是原書最好」的大學教授、宮大工（修復神社建築的匠師）、書法家及為藝妓伴奏的三味線師傅等，都是這間書店的忠實顧客。

店內雖然大多是難懂的漢學書籍，但是祝儀袋（日本的紅包）設計及傳統和服染色等美術書則展現了另一種優雅的獨特風情，讓人見之忘俗，是悠久的歷史長河中屹立不搖的「知識之源」。

Ⓐ貓腳造型的厚重書櫃裡陳列著滿滿的書。Ⓑ建築物內一室。有沙發及壁爐，像沙龍般的私密空間。

牆上裝飾著與故去老店主有深厚交情的畫家金子國義的作品。其它壁面的展示空間則每個月會更換一次展示的畫作。

地址 ｜ 京都府京都市中京區御幸町丸屋町 331
　　　ジュエリハイツ 202
電話 ｜ 075-221-3330
營業 ｜ 14:30 ～ 19:30
公休 ｜ 週四、五
車站 ｜ 在京都市營地下鐵東西線京都市役所前
　　　站下車，再從 6 號出口再步行 3 分鐘。
H P ｜ http://librairie-astarte.com
📍 一般民宅的 2 樓，指標是放在外面的招牌。

10

在耽美的奇幻世界，來場短暫的旅行

アスタルテ書房

（阿斯塔蒂女神書房）

OLD 📚👛✏️

BOOKS ── 法國奇幻文學等書籍
SHOP NAME ── 源自古代地中海地區所崇拜的豐饒和愛的
　　　　　女神之名，由法國文學家生田耕作所命名。
OPEN DAYS ── 1984 年

除　了尚・惹內（Jean Genet）、喬治・巴代伊（Georges Bataille）及澀澤龍彥等法國奇幻文學作品，在「アスタルテ書房」還能找到各種怪奇或情色等異端文學。隨著老書店主理人佐佐木一彌的逝去，這家店曾一度瀕臨倒閉，但由於忠實愛好者們的強烈期望，還是由佐佐木夫人及員工們努力支撐下來了。

放置厚重家具的房間裡流淌著古典音樂，營造出哥德式的氣氛，是一處能夠讓人沉迷於尋書樂趣的空間。店內也有許多平易近人的文庫本、美術雜誌及明信片。有空不妨來這個耽美又頹廢的世界入口體驗一次吧！

Ⓐ 店內 6 成是攝影集，其中塞滿了新書書店不會擺放的二手書。Ⓑ 沉靜的時間緩慢流逝，位在古老長屋當中的一處房間。Ⓒ 主要空間是 2 坪多的迷你和室。Ⓓ 脫鞋上樓的 1 坪空間，是書店主人用來展示及販賣自己喜愛的書本和藝術作品的地方。自創的印刷品每個月會更換一次。

11

東西方交錯的奇異空間

Books & Things

NEW OLD （一部）

BOOKS	歐美的視覺書籍（包括攝影集、插畫及設計相關書籍）
SHOP NAME	靈感來自書本及蘊含書本相關「含義」的空間。
OPEN DAYS	2011 年 9 月 1 日

書店座落在聚集了數間東洋古美術店的古門前通附近。「Books & Things」是一家只有兩間和室、需要脫鞋進入的奇特書店，顧客可以一邊詢問書店主理人作者的中心理念及傾注於作品中的想法，一邊靜心挑選自己想要的書。

店內主要以 20 世紀歐美出版的視覺書（Visual book）為主，書店主理人抱著「要能觸動心弦，別處難以得見的好書」為標準嚴格選書。在日本的傳統長屋空間接觸歐美文化—相信一定能度過一段非常不可思議又獨特的時光。

地址 ｜ 京都府京都市東山區古門前通元町 375-5
電話 ｜ 075-744-0555
營業 ｜ 12:00 ～ 19:00
公休 ｜ 不定期
車站 ｜ 在京阪本線鴨東線三条站下車，再從 2 號出口步行 5 分鐘。
HP ｜ https://andthings.exblog.jp

📍 人車子完全無法進入的小巷道，指標是放在外面的招牌。

Ⓐ深受歡迎、每月號全部賣光的個人小冊、出版品都放在固定位置，也能找到過期刊。Ⓑ美麗的陳設、細心的手勢，可以感受到書店主人對書的愛情。Ⓒ依翻譯者排列的海外文學書，「為了讓讀者感受到文章的個性魅力」。

與書本及顧客真誠地交流

レティシア書房

（Laetitia 書房）

OLD

BOOKS	自然科學家的散文作品、攝影集、文藝書、獨立出版品及漫畫等
SHOP NAME	源自書店主理人喜愛的法國電影《冒險家》（Les Aventuriers）裡的女主角的名字。
OPEN DAYS	2012 年 3 月 6 日

地址 ｜ 京都府京都市中京區瓦町 551

電話 ｜ 075-212-1772

營業 ｜ 12:00 ～ 20:00

公休 ｜ 週一（有時會臨時公休）

車站 ｜ 在京都市營地下鐵烏丸線或東西線烏丸御池站下車，再從 1 號出口步行 10 分鐘。

HP ｜ http://book-laetitia.mond.jp

位在住宅區裡，指標是橙紅色的外牆與木製大門。

幾乎網羅了知名攝影師兼作家星野道夫的所有作品。

店長小西徹曾待在唱片業界 15 年、書店業界 20 年，最後在大型書店擔任店長。但是，隨著職位不斷提升，他沉痛地發現自己離最愛的書越來越遠。因此以個人的名義開設了這間「レティシア書房」。

他說，比起以前，現在的自己更能理解「書會呼吸」。他拿起一本一本的書，滿懷情感地推薦給每位到訪的顧客。他希望這間店能「領先顧客的興趣半步」，讓他們每次進來都能找到「原來這就是自己想看的書」。書架上每本書店主理人親手所選的書，看起來似乎都在閃閃發光。

A 明治到昭和初期的木版畫，現在已經找不到專業職人，因此不可能重現。**B** 原本是普通民宅，整棟改建為二手書店。
C 收藏從江戶時代的繪本到建築、浮世繪、美術史等美術相關書籍，非常豐富。

穿過內部的門簾，會看到塞滿古書的日光室。

地址 ｜ 京都府京都市左京區岡崎円勝寺町 91-18
電話 ｜ 075-762-0249
營業 ｜ 12:00 ～ 18:00
公休 ｜ 週一
車站 ｜ 在京都市營地下鐵東西線東山站下車，
　　　　從 1 號出口再步行 10 分鐘。
HP ｜ http://www.artbooks.jp
📍 代表性標誌是立在屋頂上的巨大紅色「本」字。

13

蒐羅古今東西的美術書

山崎書店

BOOKS	日本、東洋、西洋的藝術目錄及美術書、美術雜誌等
SHOP NAME	源自書店主理人的姓。
OPEN DAYS	1979 年

在這間書店裡，光是東洋、西洋美術相關書籍就高達 3 萬冊。「山崎書店」特別致力於蒐羅明治時期京都出版的美術書，不論是木版畫或舊時日本的廣告單「引札」的正本，數量多到可以在美國波士頓及芬蘭舉辦展覽。

書店主理人山崎純夫 40 年來專門經銷美術書，希望能「透過舊日美好的書本找到藝術的未來」，所以也鼎力支持現代作家。像是令人注目的「Book Art 展」，主要就是販賣以書為主題的藝術作品，也是他以獨特的視點所企劃的活動。

如同學校教室的標示牌及莓果色的牆壁令人印象深刻。

地址 ┃ 大阪府大阪市北區堂島 2-2-22 堂島永和大樓 206
電話 ┃ 06-6341-5335
營業 ┃ 週一、二、五／ 12:00 ～ 20:00
　　　週六、日／ 11:00 ～ 18:00
公休 ┃ 週三、四
車站 ┃ 在 JR 東西線北新地站下車，從西口 C69 號出口再步行 5 分鐘。
HP ┃ https://honoya.tumblr.com

📍 位於眾多辦公大樓及小餐館區域的一角，指標是放在外面的招牌。

二手書不分類型，藏書也有各種全集。

想讓人品嘗美味的「甜點」

本は人生の
おやつです !!

（書是人生的甜點 !!）

BOOKS	綜合類型（文藝、美術、設計等書籍較多）
SHOP NAME	希望透過書本讓人生變得更豐富，以「!!」代表強烈的想望。
OPEN DAYS	2010 年 8 月 8 日

雖然店名十分富有個性，但卻不是為了標新立異。「對於每個人來說，人生的主食一定要是『人』。但是，甜點（＝書）對於喜歡的人來說也是不可或缺的東西，不是嗎？」店長坂上友紀笑著說。

她從小就體弱多病經常住院，也因此迷上了閱讀，時常會向周遭的人推薦各種有趣的書籍。這家店最獨特的服務就是「好書諮商」，如果想看書卻不知道該看什麼書，店長會為讀者推薦「現在」最適合他的一本書，所以請不要客氣多多利用。

A 新書佔 3 成，二手書佔 7 成。由於此區開了許多家設計事務所及廣告代理店，稀有的設計相關二手書收藏也十分豐富。B 不定期進貨的手工木雕品「木質書本胸章」，每個都獨一無二。

詩歌本的魅力之一，在於美麗的裝幀。

地址 ｜ 大阪府大阪市北區中崎西 1-6-36
　　　櫻花大樓（サクラビル）1F
電話 ｜ 090-9271-3708
營業 ｜ 週二、四、五／19:00 ～ 21:30
　　　週六／11:00 ～
公休 ｜ 週一、三、日
車站 ｜ 在大阪地下鐵谷町線中崎町站下
　　　車，從 2 號出口再步行 3 分鐘。
HP ｜ http://hanebunko.com

📍 穿過古著二手店及占卜店，位在大樓
　的半地下室。

15

請進來放鬆一下

葉ね文庫

（葉根文庫）

NEW OLD

BOOKS	── 詩歌的新書、綜合類型的二手書
SHOP NAME	── 因為喜歡「hane」的發音而得名
OPEN DAYS	── 2014 年 12 月 6 日

櫻花大樓的入口，木製招牌就掛在裡側的樓梯。招牌上畫著慵懶地稍微往前傾看書的姿勢的插畫，就像這間書店的魅力一樣。

因 復古又時髦的街道而廣受大眾喜愛的中崎町，「葉ね文庫」就位在其中。明明是書店卻需要脫鞋的非日常感，混合著像是拜訪朋友家的日常感，創造出一種獨特的氣息，在詩歌迷當中是十分知名的書店。

書店主理人池上規公子平時的工作是數位行銷，因此晚上才開店，這個稀有的特點也是書店的魅力。顧客近 8 成都是詩歌愛好者，但由於書店位於中崎町，書店主理人希望能「讓因為好奇而到訪的人也能感受到詩歌的魅力」，因此無論是初次接觸詩歌的人或是資深愛好專家都能感受到店內陳設的優美。

A 二手書主要是現場買賣，有時還會附上賣主的手繪 POP。B 某些詩集的書腰還有書店主理人的推薦詞。C 牆上裝飾著整面的翅膀。在這間晚上才開店的書店裡所繪的蔚藍天空裡，書本彷彿在空中飛翔。

充滿懷舊感的藍色拉門，搭配富有個性的植物，書店的外觀令人印象深刻。書本、咖啡與展覽，多樣的面貌讓這家店成為中崎町的必訪之地。

地址 ┃ 大阪府大阪市北區中崎 3-2-14
電話 ┃ 06-7500-5519
營業 ┃ 13:30 ～ 21:00，週日、國定假日～ 20:00
公休 ┃ 週三（固定公休）‧週二（不定期休）
車站 ┃ 在大阪地下鐵谷町線中崎町站下車，再從 2
　　　號出口步行 3 分鐘。
H P ┃ http://arabiq.net

♀ 指標是薔薇、蘭花及羊齒植物，還有帶著懷舊感的招牌。

16

帶領人們來到異世界空間

珈琲舍‧書肆アラビク

（珈琲舍‧書肆 阿拉伯）

BOOKS	── 近代文學、美術書等
SHOP NAME	── 源自中井英夫所著小說《獻給虛無的供物》裡的酒吧名稱
OPEN DAYS	── 2007 年 11 月 3 日

店　名取自日本三大奇書之一《獻給虛無的供物》裡登場的酒吧，雖然帶著某種頹廢的氣氛，但是只要走進書店，就會發現待起來令人意外地舒服。

書店主理人森內憲說，「我從以前就喜歡推理及科幻小說，所以店裡這類的書很多。再加上客人的委託及作者們所介紹的書，經過 10 年的光陰，最後書店也形成了自己的性格。」

由於店裡引進了小說封面的作者原畫及過期的藝術娃娃專門雜誌，因此也開始擺放「球體關節人形」（Ball-jointed Doll，BJD）及手工布偶。

店裡還能品嚐到手工沖泡的美味咖啡。這間書店以不受到既定觀念的限制為訴求，「尋求書的方式各種各樣，希望這家店能讓顧客感受到書本以外的廣闊空間」。

A 與可愛的外觀相反,這是一杯摻有奧地利萊姆酒、充滿大人香醇口味的維也納咖啡。
B 展覽區放著豐富的球體關節人形等美麗娃娃。
C 許多娃娃迷會特地來這裡尋找已經休刊的《Doll Forum》雜誌。
D 店內還可能買到充滿暗黑幻想風格的黑木こずゑ的少女畫作。
E 風味甜蜜苦澀的摩卡爪哇咖啡,必須搭配遠渡重洋移民至巴西的岡村淳所著的《無法忘懷的日本移民》一起享用。
F 三浦悅子所製作的「小提琴兔子」,充滿了存在感。

森內先生説,「我喜歡用字遣詞優美的作品。」許多到訪的客人原本都是受到店名吸引,後來都成了可以暢所欲言的朋友。看到以喝咖啡為目地到訪的客人拿起店裡的書,心裡會非常高興。

陽光從寬大的窗戶照射進來，店內空間非常明亮。這裡既是藝廊，也是咖啡廳及書店。想要度過什麼樣的時光，全由自己決定。

地址 ｜ 大阪府大阪市北區本庄西 2-14-18 富士大樓 1F
電話 ｜ 06-6292-2812
營業 ｜ 11:00 ～ 18:00
公休 ｜ 週一～四
車站 ｜ 在大阪地下鐵谷町線中崎町站下車，再從 2
　　　號出口步行 10 分鐘。
HP ｜ http://itohen.info

◉ 位於中崎町站往北的方向，指標是白色招牌及豐富
的綠意。

17

就算是不小心闖進來也沒關係

iTohen

Category 01 : Kansai

BOOKS ── 藝術書
SHOP NAME ── 糸字旁如果加上「會」就變成「繪」，希
望每位到訪的客人都能在書店創造出新的
體驗。
OPEN DAYS ── 2003 年 12 月 20 日

與入口處 Gallery、Books、Coffee 並列的「iTohen」，是一間擁有奇妙魅力的書店。經營者鰺坂兼充笑著說，「不管被當成什麼店，就算不小心闖進來也沒關係，希望能打造一間讓人『想要進來看看』的書店。」

鰺坂先生自己也擁有不同的身份，在設計師、藝廊老闆及咖啡店經營者等各種身份轉換的過程中，他從不堅持「這才叫藝術」、「這才是展覽」，就如同這間書店的氛圍一樣平易近人。

同時，他也堅持「藝廊的主角是作者及作品，書店及本人的個性必須透明」，貫徹退居第二線的態度。店內所放的書籍及雜貨幾乎都來自熟識的作者，因為對創作者有深刻的瞭解，才能傳達出更多的理念。

在這個能夠解放內心、輕鬆接觸藝術的空間，應該能找到打開新世界的書本。

034

牆邊的書籍平台展示。包著書本的檸檬色薄紙上印著三角みづ紀的優美詩句，是書店主理人鯵坂先生親手設計的自製書衣。

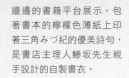

🅰除了書及雜貨，還能購買 CD。🅱店內也成為藝術家們的交流空間，經常激盪出新的合作創意。🅲窗邊的展示櫃放著特別引人注目的視覺雜誌《Studio Journal knock》。🅳書店工作人員同時也是插畫家的マメイケダ，由她設計封面的書籍也很受歡迎。🅴造訪時一定要品嚐店內的法國吐司。🅵收銀機旁的牆上拼貼著各種藝術活動的宣傳單。

A 一整面的書牆非常壯觀。**B** 當中也有陳列著客座嘉賓的著作。**C** 名稱取自文學作品的特調雞尾酒及手工咖哩，菜單十分豐富。

地址 ┃ 大阪府大阪市中央區南船場
4-11-9 コムズ大樓 B1F

電話 ┃ 06-6282-7260

營業 ┃ 18:00 ～ 24:00

公休 ┃ 週一、二

車站 ┃ 在大阪地下鐵御堂筋線心齋橋站
下車，再從 3 號出口步行 2 分鐘。

HP ┃ http://www.7b.biglobe.
ne.jp/~liseur

🔴 指標是門口的鋼筆模型，再往下走到
地下 1 樓。

18

書迷們夜夜聚集的酒吧

Bar Liseur

OLD 📚☕🍴🚩

BOOKS ── 小説、詩集及攝影集等（除了商業書及漫
書以外的所有類型）

SHOP NAME ── Liseur 在法文中是「精讀者、愛書人」的含
義。

OPEN DAYS ── 2011 年 1 月 31 日

櫃台旁邊放著書的介紹卡，客人們會彼此
介紹好書也是這家店的魅力。

「Bar Liseur」的店主是芥川賞作家、同時也擁有廚師執照的玄月大師，因為「有沒有擺滿書的酒吧？沒有的話就來開一間吧」這樣的突發奇想，便創設了這間知名的文壇酒吧。

一整面的書牆，搜羅了古今東西的文學作品以及各種領域的好書，讓顧客自由閱覽。由於客人們都擁有共同的愛好，因此經常一見如故。聽說在這裡相遇最後結婚的情侶高達 10 對，簡直令人驚訝。

酒吧經常邀請人氣作家來當客座嘉賓，並舉辦「Creator's NEST」等各種活動，透過書本在這裡創造出各種交流。

Ａ料理書的分類隔板全都是手寫，查找很方便。Ｂ《聽聞錄・故鄉的家庭料理》系列書籍（農文協）全 21 冊隨時保持齊全的狀態。Ｃ經常有外縣市及海外顧客來這裡尋找食譜及盛盤裝飾相關專業書籍。Ｄ店內也能看到演劇或落語等料理書以外的珍稀書籍。

19

撐起大阪飲食的專家御用書店

波屋書房

NEW

BOOKS	以料理書為中心，包含少數文藝及傳統表演藝術相關書籍
OPEN NAME	據上一代書店主理人表示，其中一字取自明治時期的作家巖谷小波，但詳細狀況不明。
OPEN DAYS	1919 年

地址 ｜ 大阪府大阪市中央區千日前
2-11-13

電話 ｜ 06-6641-5561

營業 ｜ 10:00 ～ 21:30

公休 ｜ 無休

車站 ｜ 在各線難波站下車，再從 E5 號出口步行 3 分鐘。

ＨＰ ｜ —

📍 位在難波南海通，指標是手寫的招牌。

川上弘美的散文作品《此處彼處》也隨興登場。

自大正 8 年（1920 年）起，「波屋書房」便屹立在這個極為講究吃的城市「大阪」，它最大的特色就是應有盡有的料理書。各種領域的食譜及專業書等料理相關書籍，佔了店內將近一半的空間。「創業當時只是普通的書店，自從 30 年前辦過一次料理書書展大受好評之後，就持續將心力放在料理書上直到今日。」第三代書店主理人芝本尚明說。以「大阪的廚房」聞名的黑門市場及道具屋筋商店街都在步行可到的距離，因此常有專業廚師或想成為廚師的學生們光臨。

A 最受注目的漫畫區一直延伸到最裡側，店內放著 Fishmans、Sunny Day Service 及 YURAYURA 帝國等搖滾樂團的音樂。B 可愛的店狗和店貓會出來迎接客人。C 擁有幼稚園老師經驗的書店主理人精選的童書區，偶爾也會舉辦說故事活動。D 冊數較多的漫畫會用盒子歸整，是這家書店獨特的陳列方式。自創的印刷品每個月會更換一次。

地址 | 大阪府大阪市港區波除 3-1-5
電話 | 06-6581-7668
營業 | 週一～週六／ 10:00 ～ 24:00
　　　 週日、國定假日／ 12:00 ～ 24:00
公休 | 無休
車站 | 在 JR 大阪環狀線弁天町站南口、大阪
　　　 地下鐵中央線弁天町站下車，再從 4 號
　　　 出口步行 1 分鐘。
IG | https://www.instagram.com/books__b
📍 從弁天町站南口出來直走，指標是黃色的
「本」字。

20

旨在打造一間小空間卻有趣的書店

ブックス B

(BOOKS B)

BOOKS ── 漫畫、雜誌、輕小説及文藝書等
SHOP NAME ── 比起 A，排在第二的 B 更讓人感到親切。
OPEN DAYS ── 2009 年 2 月 14 日

「ブックス B」乍看之下像是路邊的普通書店，但是只要往店裡踏進一步，就會發現這是一間極具魅力的個性派書店。

每天都想看一眼的店狗及店貓，就算搭最後一班電車也趕得及的深夜營業時間，店內流淌著書店主理人精選的美妙音樂──「但是，最後還是要回歸到書本身，我一直很想開一間雖然小但是很有趣的書店」，說這句話的是前幼稚園老師大野勢津子店長。具有眾多充滿魅力的吸客點，加上收藏足夠深度的書籍，讓這間書店成為眾多書迷的最愛。

居留守在日語中是「假裝不在」的意思，所以不算是正面的詞彙。之所以拿來當作店名，是「想要顛覆固有的價值觀」，居留守文庫的店員岸昆先生這麼說。

他從前曾經帶領過一個以關西為據點的劇團，當時就曾在舞台上以書作為題材或表演的對象，因此與書一直有密切的關係。在歷經311東日本大地震之後，他開始進

行一連串振興支援的相關活動，並以此為契機創設了這間住商合一的書店。

將原本墊在舞台底下的木箱層層堆疊，打造能夠展現書與書的連結，又能呈現一體感的書架陳設。對方說，「我喜歡在繁雜的地方把東西找出來」，由此也能看到這間店書架陳列的有趣之處。

21

彷彿來到迷宮般的木箱森林

居留守文庫

BOOKS — 美術、演劇為主的綜合類型

SHOP NAME — 發想來自「沉迷於書本之中，內心跑到別的世界旅行」。

OPEN DAYS — 2013 年 4 月

地址 ｜ 大阪府大阪市阿倍野區文之里 3-4-29

電話 ｜ 06-6654-3932

營業 ｜ 10:00 ～ 19:00

公休 ｜ 週二、五

車站 ｜ 在大阪地下鐵谷町線文之里站下車，再從 7 號出口步行 4 分鐘。

HP ｜ https：//www.irusubunko.com

📍 位在明淨學院高校之北，宛如木箱的外觀很醒目。

Ａ 據說他把自己的藏書都放到了書店，所以店員岸昆先生的家裡沒有書櫃。Ｂ 每次舉辦外出展覽的活動就會製作新的木箱，再堆到店裡就變成這樣了。Ｃ 書籍的委託販賣以一箱為單位，30×45cm 的尺寸，大約可以放 20 到 30 本書。Ｄ 岸昆先生自己經營的二手書店「蜜蜂古書部」就在走路 5 分鐘距離的地方。

A 這間書店是許多孩子心目中職場體驗課程的首選，店裡有很多孩子們留下的親筆訊息。B 創業當時的招牌還遺留著川端康成到訪買書時的風情。

地址｜ 大阪府茨木市大手町 4-19
電話｜ 072-622-2039
營業｜ 9:00 ～ 20:00
公休｜ 週日、國定假日
車站｜ 在阪急京都線茨木市站下車，再從西口步行 5 分鐘。
HP ｜ ―
📍 書店面對大馬路，指標是用羅馬拼音寫的店名。

「大阪真正好書大賞」是從「以大阪為舞台的作品或是與大阪有淵源的作家」當中選出來的書。賣書所得的一部分會換成書本捐贈到兒童養護機構。

22

諾貝爾獎作家也頻繁造訪的老店

堀廣旭堂

Category 01 : Kansai

BOOKS	— 以學習參考書為主的綜合類型
SHOP NAME	— 源自曾為花道師範、同時也是書店創始者的父親雅號「廣旭齋榮甫」。
OPEN DAYS	— 1894 年

聽 說文豪川端康成在就讀舊制茨木中學時期，曾經在「堀廣旭堂」賒帳買書，並留下了這段軼事。

每年到了春天，各種參考書就會從家裡堆滿到門口，總經理堀博明就是在書堆的圍繞裡長大。大學畢業後，他在大型書店擔任了 16 年新書店設計的工作。繼承家業之後，他滿懷著「想從關西開始振興出版業」的雄心壯志，開始大刀闊斧地運作以書店為對象的大型商務會談「BOOK EXPO」。

他與原本是幼稚園老師的妻子一起執行縝密的選書及運送服務，將合作的客戶擴展到了 100 間以上。從以前到現在，相信之後也是，「堀廣旭堂」會一直成為深受當地人喜愛的書店。

品項不輸大型書店的各類字典。

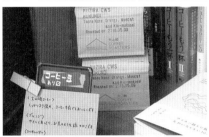

Ⓐ學習參考書區旁邊放著美術論，「我們擺放書的方式沒有規則，就是隨意把『還活著的書』放在一起。」長谷川店長説。Ⓑ店裡還能買到附近大山崎咖啡店烘焙的咖啡豆。Ⓒ書店經常舉辦民謠吉他的演唱會或是單人戲劇表演等活動。

地址 ｜ 大阪府三島郡島本町水無瀨 1-708-8
電話 ｜ 075-961-6118
營業 ｜ 平日／ 10:00 ～ 22:00，週六／ ~21:00
　　　　週日、國定假日／ 11:00 ～ 20:00
公休 ｜ 無休
車站 ｜ 阪急京都線水無瀨站剪票口前
HP ｜ http://walkingreader.blog60.fc2.com
📍 車站剪票口的斜右方前方。

書櫃上展示著撿來的石頭。「常常有小朋友跑來要這些石頭」，長谷川店長笑著説。

23

看起來很普通，實際上卻很有個性

長谷川書店
水無瀨站前店

NEW

［年6回］

BOOKS ── 綜合類型
SHOP NAME ── 源自創業者的姓氏。
OPEN DAYS ── 2010 年（高槻本店是 1967 年）

「長谷川書店」在大阪共有 4 家店鋪，這間水無瀨站前店的特色就是自由又合理的選書方式。它乍看之下就像街上隨處可見的書店，但是如果仔細觀察，就會發現男性時尚雜誌的前面放著哲學家阿蘭的《論幸福》，擁有著奇特的陳列方式。

店長長谷川稔說，「因為誰都可以輕鬆進來我們書店，才希望變成更開放的存在，最好可以消除掉新舊或是類型等等的限制。」身邊就有一間可以自然接觸到書本魅力的書店，真是令人羨慕當地居民。

Ａ 寶塚歌劇區的書櫃一角。Ｂ 許多 POP 廣告及展示品都是由寶塚迷的藝術家或漫畫家親手製作，光是欣賞就讓人心情愉快。Ｃ 不只是舞台劇原著，還能找到鞋子、服飾、寶石或香水等與公演作品的世界觀相關的書籍。Ｄ 旁邊展示著寶塚相關書籍的作者及漫畫家的簽名板，書店內也經常舉行簽名會。

Category 01 : Kansai

24

寶塚歌劇迷的聖地

ブックランドサンクス
宝塚ソリオ店

（Bookland Thanks 寶塚 SORIO 店）

[年6回]

BOOKS	綜合類型（寶塚歌劇團相關書籍、女性雜誌佔多數）
SHOP NAME	不明
OPEN DAYS	2003 年

會將《凡爾賽玫瑰》與《萬葉集》並排放在一起的新書書店，想必一定很稀少吧！「ブックランドサンクス 宝塚ソリオ店」做為寶塚歌劇團根據地的書店，在寶塚迷當中非常有名。

「寶塚歌劇團的粉絲們都很有求知慾，很多人會在公演前事先了解作品，因此只要上演的歌舞劇有原著，銷量立刻就會攀升。和我們有合作的出版社內也有寶塚迷，每次碰面時都會分享現在最新的資訊。」負責寶塚歌劇區選書工作的店長野条郁二說。在拜訪寶塚大劇場的同時，也一定要來看看這個聖地。

地址 ｜ 兵庫縣寶塚市榮町 2-1-1 SORIO1
電話 ｜ 0797-83-0311
營業 ｜ 9:00 ～ 22:00
公休 ｜ 依 SORIO 寶塚為準
車站 ｜ 在阪急今津線、寶塚線寶塚站、JR 福知山線寶塚站下車，再步行 2 分鐘。
HP ｜ http://sorio.jp
位在阪急寶塚站共構商業大樓「SORIO」內。

除了攝影師及陶藝家，還會與古董店合作，舉辦多元化的企劃展。店裡的展示區是上下樓打通、具有開放感的舒適空間。

地址 ｜ 兵庫縣西宮市石刎町 9-13
電話 ｜ 0798-56-8690
營業 ｜ 11:30 ～ 19:00
公休 ｜ 週一、週二（不定期有臨時公休）
車站 ｜ 在阪急甲陽線苦樂園口站下車，
　　　　再從西口步行 2 分鐘。
HP ｜ http://uran-dou.com

📍 走出苦樂園口站，朝著北夙川小學的方向走，書店就在路旁。海軍藍的外牆讓人印象深刻。

25

可以盡情體驗藝術

ウラン堂

（烏蘭堂）

NEW OLD
（一部）　　　　　　　　　　　（年2～3回）

BOOKS ── 設計、藝術、音樂、繪本及 Zine 小誌等
SHOP NAME ── 創意來自《原子小金剛》裡能產生巨大能量的主角妹妹烏蘭。
OPEN DAYS ── 2012 年 6 月 1 日

為了不讓書本及展示作品染上食物的味道，咖啡廳的菜單只有簡單提供咖啡、紅茶、果汁及熱三明治。

既是藝廊、咖啡廳，同時又放滿藝術相關著作的空間「ウラン堂」，由活躍於第一線的藝術總監 Rinda Litoh 與藤島順子共同經營。

這間店與各領域的藝術家及店鋪都有合作，經常激盪出新的火花。在獨立企劃的展示期間，除了會販賣經過精選的相關書籍，1 樓也會放置經過精選的藝術家攝影集及畫冊。每次只要舉辦新的展覽，面對大馬路的透明玻璃牆就會呈現出完全不同的風格，也是這家店獨特的魅力。

如同店名所要傳達的，每次造訪都能與具有強大神秘力量及價值的作品相遇。

A 整面的訂製書牆非常漂亮，除了可以在店內閱讀，也有很多商品可以購買。**B** 依國別擺放各種大人也能欣賞的美麗繪本。
C 利用交叉支柱及木柱的特性設置的書櫃，陳列著小說、詩集等範圍廣泛的書籍。

地址 ｜ 奈良縣奈良市今辻子町 32-5
電話 ｜ 0742-26-5199
營業 ｜ 12:00 ～ 19:00（最後點餐 18:30）
公休 ｜ 週一～三（國定假日會營業）
車站 ｜ 在近鐵難波線、奈良線近鐵奈良站下車，再
　　　從 7 號出口步行 6 分鐘，或是在 JR 關西本
　　　線奈良站下車，再從東口步行 7 分鐘。
HP ｜ http://www.pavilion-b.com

📍位在小巷子的深處，外觀設計配色據說是參考斯堪
地那維亞地區的民宅。

杯子是 50 年代英國製的古董咖啡杯，還有蛋糕、
司康及其它輕食。

手工打造的空間裡聚集了各種「世界」

絵本とコーヒーの
パビリオン

（繪本與咖啡的帳篷）

NEW OLD

BOOKS	國內外的繪本、文藝書、詩集及攝影集等
SHOP NAME	源自前身的網路二手書店「パビリオンブックス（帳篷書房）」。發想來自「集結世界各地的書籍，吸引客人到訪的移動式帳篷（pavilion）」。
OPEN DAYS	2009 年 11 月 7 日

「絵本とコーヒーのパビリオン」座落在一個會讓人懷疑「咦？真的在這裡？」的細小巷道深處，由大西正人先生與千春小姐夫婦共同經營。店面是戰前就存在的民宅，除了自來水、瓦斯及屋頂之外，全部由他們自己改裝，大約花了 3 年半的時間才變成現在的模樣。

選書由太太千春負責，主要以中歐及東歐的繪本為方向，同時也會陳列國內作家的繪本及文藝書。看書的同時，還能同時享用自家烘焙的咖啡及手工蛋糕，是個非常舒適的美好空間。

A 為了讓顧客能「享受之前從沒注意過的書籍的新鮮感」，所以會頻繁變動書櫃的位置及書本的陳設。**B** 店內發行的獨立出版品《Booklet本》，充滿了奈良及書本的魅力。**C** 以大和郡山市的象徵「金魚」為主題的區域，擺放著許多相關書籍及雜貨。**D** 利用古時的舊物作為書本的展示台。

27

與「書」產生新的連結

とほん

（与書）

NEW OLD

BOOKS	小説、散文、藝術相關、個人出版品及繪本等
SHOP NAME	創意來自「人與書」、「城鎮與書」等讓「書」與各種事物產生連結的想法。
OPEN DAYS	2014 年 2 月 22 日

地址 ｜ 奈良縣大和郡山市柳 4-28
電話 ｜ 080-8344-7676
營業 ｜ 11:00 ～ 17:00
公休 ｜ 週四
車站 ｜ 在近鐵橿原線近鐵郡山站下車，再步行 7 分鐘，從 JR 郡山站步行 12 分鐘。
HP ｜ https://www.to-hon.com

📍 位在前榻榻米店改裝的租屋「柳花簾」裡面，門口養著金魚。

擁有城下町的繁榮歷史，並以金魚的養殖業聞名的奈良縣大和郡山市。「とほん」就位在遺留著古時街景的柳町商店街一角。

「我們選書的思維是，除了愛書者之外，讓平常不太讀書的人也能沒有心理負擔地拿起書來看。」書店主理人砂川昌廣說。店裡除了有裝幀十分講究的詩集及繪本、與工作及地域相關等各種領域的書籍，還擺放著各種太太美穗子所精選的雜貨。這間 2014 年才開張的書店，在商店街裡算是新面孔，卻能夠融入沉穩的小鎮氛圍，是一間十分具有包容力的書店。

因為豪大雨被淹至 2 公尺深的山區小學校舍，原本準備拆除，後來才決定再次利用。雖然裡面是複合式書店，但是外觀仍然保持原本小學校舍的模樣。

地址｜和歌山縣新宮市熊野川町九重 315

電話｜0735-30-4862

營業｜11:00 ～ 18:00

公休｜週二～週四（假日會營業）

路線｜從和歌山縣出發／自國道 168 號線過宮井橋，直走國道 169 號線。從三重縣出發／自國道 311 號線左轉 169 號線，直走。

FB｜https://www.facebook.com/bookcafekuju

📍從和歌山縣新宮市區、三重縣熊野市區開車都需要 40 分鐘左右。

從廢校重生的書店

Bookcafe kuju

NEW OLD

BOOKS ── 獨立出版品、哲學、思想書、食譜、手工藝品及生活風格相關類書

SHOP NAME ── 將村落的名字「九重」轉成羅馬拼音。

OPEN DAYS ── 2014 年 5 月 24 日

座落在紀伊半島深山裡的「Bookcafe kuju」。雖然位在遠離市區的地方，卻還是有很多當地人及觀光客到訪。雖然為了附設烘焙坊的麵包而去的顧客也不少，但是最主要的還是這間書店。

店內的書由書店主理人柴田哲彌及「ホホホ座」（P.12）各負責一半的選書，從生活類雜誌到哲學思想讀物，類型十分廣泛，讓人怎麼逛都不會厭煩。壯觀的大自然、喚起古老記憶的舊校舍，還有引起知性好奇心的書──在這個空間裡融合成一種絕妙的平衡，可以感受到這麼多人趨之若鶩的理由。

柴田說，「書真的很容易成為每個領域的媒介」。從割草機的維修講座到交友聯誼，這裡也會舉辦各種跨領域的活動，作為造訪的目的也未嘗不可。

負責一半選書的「ホホホ座」，前身是書店外牆突出一輛車的「ガケ書房（崖書房）」。入口處掛著象徵性的模型，熟知「ガケ書房」的客人看到應該都會會心一笑。

A 書店裡放著版畫或手工陶器等許多「讓人想起小學時光」的作品。B 書店主理人的剪紙藝術家好友的作品。店裡也販賣其它手工藝品等雜貨。C 個人製作的手工小冊子及出版品也很多。D 書店舉辦開業活動時，作家石井慎二所寫的《當時的小說》。E 小學創設時的捐款名簿。在校舍拆除途中發現這本名簿時，柴田便突然決定「不能破壞這間校舍」。F 店內也有適合家庭娛樂的小空間及哺乳室，裡面放了很多玩具。

A 在販賣各種旅行小物及雜貨的 2 樓裡側，擺著京都書店「YUY BOOKS」挑選出來的「適合當作旅行禮物的好書」。**B C** 收銀台後方是牛奶店冷藏庫改造而成的迷你藝廊。**D** 運用雜誌編輯的思維，利用階梯及牆壁做展示。照片是與東京駒沢的書店兼藝廊「SNOW SHOVELING」共同製作的企劃。

攝影：松村シナ

地址 ｜ 京都府京都市上京區中書町 685-1
電話 ｜ 075-202-7477
營業 ｜ Check in ／ 16:00 ～ 20:00，週日／ 14:00 ～
　　　　Check out ／～ 11:00
公休 ｜ 週二、三（住宿全年無休）
車站 ｜ 在京都市營地下鐵東西線二條城站下車，
　　　　再從 1 號出口步行 15 分鐘。或是搭乘京都
　　　　市公車在堀川丸太町站下車再步行 4 分鐘。
HP ｜ https://magasinn.xyz

📍 融入京都街道的灰色大門及牆壁，很有特色的建築物。

29

如果京町家變成了雜誌？

MAGASINN KYOTO

BOOKS ── 所有與旅行相關的書

SHOP NAME ── 想打造一個能夠擴展「閱讀」、「觀看」雜誌時所感受到的體驗，並徹底動用五感的空間。

OPEN DAYS ── 2016 年 5 月

以「用五感體驗文化」為概念來打造空間的京町家民宿「MAGASINN KYOTO」，是近來的話題主角。

最引人注目的是每 3 個月更換一次的書籍展示販賣。「如果雜誌變成了立體空間的話？」將民宿當作雜誌頁面，在上面舉辦展示販售會。由於每季都會企劃獨特的主題，所以不管去幾次都能樂在其中。

「我希望這裡能成為讓人覺得『只要過來就會發生有趣的事』的地方」，書店主理人岩崎達也說。下次到京都旅遊，不妨試試住進這個充滿藝術氣息的空間。

這裡每天只接待一組住宿客，所以很多人會連續住上好幾天。有榻榻米的房間，還有裝設書櫃的閣樓。

因為座落在大阪的繁華街道上，為了營造出「每個回來的客人都能放鬆的空間」，而將公共區改成了圖書區。

由於許多住客會將圖書區的照片 PO 在社群媒體上，因此最近有越來越多人為了享用這個空間而特地預約住宿。與世界各國的旅客共寢共食、交換各種資訊，是這種青年旅舍的魅力。從一本書開始，讓語言及文化不同的旅客產生交流，是這裡最自然不過的景象。

當中選書委託給大阪市內 3 間二手書店及 1 間新書書店，包含員工及旅客們的贈書在內，藏書超過兩千本以上。

30

讓書本空間和每一位旅人產生連結

THE DORM HOSTEL OSAKA

BOOKS	時尚、建築、美食、旅行、次文化、漫畫及外文書等
SHOP NAME	DORM 是 Dormitory（宿舍）的縮寫，因為這裡是宿舍房型的青年旅館。
OPEN DAYS	2016 年 10 月 21 日

地址 ｜ 大阪府大阪市中央區東心齋橋 1-12-20 心齋橋大和大樓 2F
電話 ｜ 06-4708-7441
營業 ｜ Check in ／ 16:00 ～ Check out ／～ 11:00
公休 ｜ 無休
車站 ｜ 在大阪地鐵御堂筋線心齋橋站下車，再從 2 號出口步行 6 分鐘
HP ｜ https://thedorm.jp

📍 1 樓是飛鏢酒吧 GARDEN，2 樓才是旅舍大廳。

A 電梯一打開，就可以看到一整面滿滿的書牆。B 時尚及藝術等可以只用視覺享受的書，世界各國都通用。C 一邊喝著免費咖啡，一邊尋找下次的旅行目的地，度過愉快的時光。D 裡面的書可以帶回床上閱讀。

關西人都知道

當地的大型書店

造訪一個陌生的地方，有時會看到讓人熟悉的書店。
那就是紮根本地、以豐富品項與種類為傲的大型書店。

京都府 ふたば書房
（二葉書房）

1930 年創業，以京都市區為中心擴展了 13 間店面，屬於都市型書店。京都站八条口店位在直通車站的購物中心裡，營業時間是早上 7 點到晚上11 點。新書更新的速度也很快，深受在周遭工作的當地居民及來京都出差的上班族的喜愛。

地址｜京都市下京區東塩小路釜殿町 31-1 近鐵名店街都站內
（京都站八条口店）

HP｜http://www.books-futaba.co.jp

京都府 丸善

在日本全國都擁有分店的大型連鎖書店。京都本店於 1907 年創業，曾在梶井基次郎的小說《檸檬》當中登場，因此頗負盛名。過去因經營不善曾一度關店，於 2015 年重新改裝為挑高 4 公尺、充滿開放感的巨大空間。千坪的書店面積，擁有總數約 100 萬冊的書籍。

地址｜京都市中京區河原町通山崎町 251
京都 BAL 地下 1 ～ 2F（京都本店）

HP｜https://honto.jp/store/detail_1570144_14HB310.html

大阪府 アミーゴ書店
（好朋友書店）

經營概念是「在你家附近的書店」，以大阪為據點。寢屋川店的手繪 POP 用心精緻，在當地非常著名。

地址｜寢屋川市早子町 23-1-104
Izumiya 寢屋川店 4F（寢屋川店）

HP｜http://www.avantibookcenter.co.jp

大阪府 田村書店

以豐中市為中心，在關西地區共展開 15 間分店。身為本店的千里中央店，店內以白色為基調，設有雕刻精緻的 4 樓立柱及天花板上的繪畫，在陳設上花費不少心力。

地址｜大阪府豊中市新千里東町 1-3-321
SENCHU PAL 3 ～ 4F（千里中央店）

HP｜https://tamurabook.wixsite.com/bookstore

京都府 大垣書店

以京都為據點，共展開 36 間分店，是地方上不可或缺的優良書店，備有貼近地方特色的眾多書種。目前正致力於設置咖啡廳兼書店的複合式店面。

地址｜京都市南區久世高田町 376
AEON MALL 京都桂川 1F
（AEON MALL 京都桂川店）

HP｜http://www.books-ogaki.co.jp

兵庫縣 喜久屋書店

1955 年於神戶創業。從一般書籍到專業書,書種類型十分廣泛,漫畫及兒童書的種類數量更是齊全。神戶南店還有文具賣場及藝廊,並附設外帶式咖啡攤。

地址 Ι 神戶市兵庫區中之島 2-1-1
　　　 AEON MALL 神戶南 2F(神戶南
　　　 店)
H P Ι https://www.blg.co.jp/kikuya

大阪府 枚方 蔦屋書店

位在複合式商業設施「T-SITE」的 1、3、5 樓,共有料理、兒童書及生活類等 9 個區域,透過書籍為大家詮釋豐富的生活風格提案。配合書展所做的現場佈置也非常令人驚艷。

地址 Ι 枚方市岡東町 12-2
H P Ι https://store.tsite.jp/hirakata

大阪府 パルネット
(PALNET)

以大阪為中心共展開 19 間店鋪。位在國道 310 號沿線的狹山店備有豐富的文具商品,還附設了陽光能從大型窗戶照進來的明亮咖啡廳,可以帶 3 本未購買的書進去試讀。

地址 Ι 大阪狹山市茱萸木 7-1175(狹
　　　 山店)
H P Ι http://palnet.co.jp

三重縣 別所書店

以縣都津市為中心,共有 4 間店鋪。除了引起話題的新書,書店員工也會在各個領域以個人眼光選書。從人文書到理工書等的藏書都很豐富。

地址 Ι 津市修成町 20(修成店)
H P Ι http://bessho-shoten.jp

滋賀縣 本のがんこ堂
(書的頑固堂)

在滋賀縣內共有 6 間店,許多客人都很喜歡他們親手製作的手繪 POP,每一張都是精心製作。他們的宣傳標語是「從這裡找到新發現」,是一間能給人帶來新啟發的書店。

地址 Ι 守山市古高町福田 393-19(守
　　　 山店)
H P Ι http://gankodo.jp

奈良縣 啓林堂書店

1974 年創業,在奈良線共有 6間店。奈良店位在世界遺產「古都奈良的文化財」附近,因此備有豐富的歷史書籍,也經常舉辦各種講座活動。

地址 Ι 奈良市西御門町 1-1(奈良店)
H P Ι http://www.books-keirindo.co.jp

Category

02

北海道
Hokkaido

東北
Tohoku

在北海道地方政府179個市町村當中，「街上一間書店都沒有」的無書店地區就佔了三分之一，現今狀況仍然沒有改變，各地區的書店紛紛關門，居民逐年失去接觸新書的機會及場所。實體書店的衰退與出版業的不景氣有關，在二次大戰末期，因為「出版疏散」的緣故，曾經有100間以上的出版社集中在札幌，如今整個北海道加起來卻剩下不到50間。

在這樣艱辛的狀況中，能夠異軍突起、開創獨立道路的書店就非常引人注意。像是

以「1萬日幣選書」的獨特角度開拓新客源的砂川市「いわた書店（岩田書店）」（P.058）、在市民的強力支援下努力延續的留萌市「留萌ブックセンター（留萌 Book Center）」（P.061）等等，聞名全國的優秀書店也不少。在札幌還有許多志向高遠的書店經營者，例如獨自撐起以「啤酒和舊書」為主題的特色書店「古本とビールアダノンキ（二手書與啤酒 Adanonki）」（P.056）的女店主、在市中心流行大樓創設新書&二手書複合書店「書肆吉

成」（P.054）的40多歲年輕經營者，都可以看到190萬人口大都市背後隱藏的深厚人才實力。

在東北地區，許多中小型書店也因為景氣的影響而陷入困境，但是憑藉店長和店員的高超手腕而發光發熱的知名書店仍然健在。因深度人文選書而受到注目的青森市「古書らせん堂（古書螺旋堂）」（P.066）、親手寫下推薦理由並在店內貼滿手繪POP的岩手縣盛岡市「さわやか書店 フェザン店

HOKKAIDO
TOHOKU

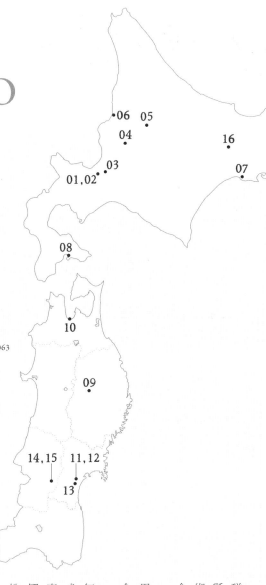

執筆

荒井宏明 あらい ひろあき

1963 年出生於北海道北見市，曾經擔
任過書店店員及新聞記者，並於 2004
年設立編輯事務所。出版過雜誌《札
幌人》、書籍《札幌英語介紹指南》、
地圖《以北海道為中心的日本全圖》
等。2008 年設立維護整頓讀書環境的
公益組織「一般社團法人北海道漂書
站」，並就任代表董事。目前在札幌
大谷大學社會學系擔任客座講師。

無論是去拜訪意氣軒昂的書店主人，
或是去品味紮根當地的特色書店，在
廣大的北海道和東北地區，隨時都能
觸碰到各種獨特的創意及溫暖的人
性。

（澤屋書店 Fesan 店）」（P.064）─由於
「對書本滿滿的愛」而深具魅力，像
磁鐵般吸引著每一位愛書人。在山形
縣，高齡超過 80 歲的書店主理人與藝
術工科大學的學生們組成團隊，透過
全日本的支援開設了「郁文堂書店」
（P.070）（重建），這間超越世代、活
用地域特性的重建書店，一躍而成了
全國的熱門話題。

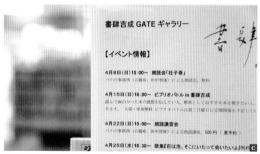

懷舊的老電影海報也很齊全。

01

熱血書店主理人打造的複合式空間

書肆吉成

NEW OLD
（一部） （週1回）

BOOKS —— 以詩、攝影、人文為主軸，同時擺放書店
主理人精心挑選的出版社新書

SHOP NAME —— 源自書店主理人的名字。

OPEN DAYS —— 2018 年 2 月 10 日

Category 02 : Hokkaido / Tohoku

地址 ｜ 北海道札幌市中央區南 1 条西 2-18 IKEUCHI
GATE 6F

電話 ｜ 011-200-0098

營業 ｜ 10:00 ～ 20:00（元旦休息）

公休 ｜ 無休

車站 ｜ 在各線大通站下車，再從 18 號出口步行 1 分
鐘。

HP ｜ http://camenosima.com

IKEUCHI GATE 離站口非常近，在交叉路口的轉角。

A 展現編輯濃厚個性的小
出版社區域。B 有很多在
札幌其它地方都找不到的
攝影集。C 經常舉辦各種
讀書會及朗讀會等活動。
D 除了藏書豐富的攝影集
及畫冊，藝廊展示也受到
很高的關注。

書肆吉成 GATE ギャラリー

【イベント情報】

4月8日（日）15:00～ 朗読会「杜子春」
バクの事務所（石橋玲、田中智康）による朗読会。無料

4月15日（日）16:00～ ビブリオバトル in 書肆吉成
読んで面白かった本の感想も伝えたい人、聴衆としておすすめ本を聴きたい人、
おります。　入場・参加無料。ビブリオバトルは第三土曜日に定期開催を予定して

4月22日（日）15:00～ 朗読講習会
バクの事務所（石橋玲、田中智康）による朗読講座。500 円（要予約）

4月25日（水）18:30～ 歌集「花は泡、そこにいたって会いたいよ」刊行

書架上擺放著港之人、香凜舍（かりん舍）、夏葉社等出版社的新書，由書店主理人吉成先生以「人文、思想、詩、攝影」為主題所精心挑選。從出版社的選書也可看出書店主理人的犀利眼光。

在札幌最熱鬧的大通附近，一棟裡面擁有多間戶外活動服飾店的時尚大樓「池內GATE店」6樓，有一處充滿文化及藝術氣息的空間。於札幌市內經營古書店的吉成秀夫，在這裡開設了約60坪並有1萬5千本藏書的「書肆吉成」。店內也販賣特價書、CD及DVD等商品，受到當地愛書人的矚目。

雖然有許多新書書店會在店裡設置二手書區，或是二手書店會在店內一角設置新書區，但是間會在店裡販賣13家出版社新書的二手書店，在全國來說也很稀奇。入口右邊整面牆依「出版社」分類的書櫃，是書店主理人吉成先生最精通的詩集、哲學及攝影集領域。除了書籍的販賣，這間書店也致力於舉辦讀書會及朗讀會，還有藝廊的作品展示，以文化發信地的身份迎接眾多書籍的愛好者。

Ⓐ 搜羅了古今微型書的區域，光看封面就令人興奮。Ⓑ 附在昭和時期雜誌裡的迷你書，給人既懷念又新鮮的感覺。Ⓒ「沒經過整理的店內陳設也是一種展示，就開心享受吧！」書店主理人石山笑著說。

地址 I 北海道札幌市中央區南 1 西 19 Treasure Tower 5F

電話 I 011-802-6837

營業 I 週一～六／ 14:00 ～ 22:00，週日／ 12:00 ～ 18:00

公休 I 不定期公休

車站 I 在札幌市營地下鐵東西線西 18 丁目站下車，再從 2 號出口步行 4 分鐘。

HP I https://adanonki.exblog.jp

♀ 位於 20 丁目交叉口的東側大樓，門口可以看到貝蒂娃娃。

02

分享對書籍及啤酒的愛情

古本とビール
アダノンキ

（二手書與啤酒 Adanonki）

 NEW OLD
（一部）  （年6回）

BOOKS — 以飲食、酒類、文化為主，另外包括藝術及各類讀物等

SHOP NAME — 之前店主透過朋友的介紹認識奄美大島的畫家田中一村的作品《阿檀樹》時，她誤聽成「adanonki」，便以此作為店名。

OPEN DAYS — 2008 年 7 月 14 日

最 適合搭配閱讀的飲料是什麼？一般來說，冷硬派小說就選咖啡，福爾摩斯迷就挑紅茶，白樺派文學就配日本茶。但是，如果要來這家店拜訪，就一定要點「啤酒」！書店主理人石山府子曾在東京的金融機構工作，之後轉職為書店店員，最後回到故鄉札幌，在最繁華的區域開設書店，就是這間販賣二手書與啤酒的「アダノンキ」。

店內收藏了國內外的各種啤酒，有 2 種桶裝啤酒、20 種瓶裝和罐裝啤酒。「無論是啤酒或二手書學問都很深奧，基本上沒有正確答案。我希望大家能盡情品嘗這個豐富的世界。」書店主理人石山輕輕遞出裝滿啤酒的玻璃杯這麼說。

啤酒瓶及啤酒罐的設計令人印象深刻，讓人不禁想再來一杯。

A 明亮自然的空間，待起來十分舒適。B 夏季期間，每個月會在商店街空地舉辦一次「Bibliobattle」（推薦好書的書評合戰）。
C 每個月最後一個週六，會在商店街的街道上舉辦「書街活動」，銷售 3 千本價格 100 日幣的二手書。

地址｜北海道江別市大麻東町 13 大麻銀座商店街內
電話｜090-3468-6888
營業｜週二、六／ 12:00～21:00，週三～五／
　　　19:00
　　　每個月最後一個週六／ 10:00～17:00
公休｜週一、週日、假日
車站｜在 JR 函館本線大麻站下車，再從北口步行
　　　12 分鐘
HP　｜https://booksharing.wixsite.com/bookshare/
　　　blank-13

♀ 與帶著昭和懷舊風情的商店街景極為融合的白色外
觀。

店內設置了二手書店很少看到的「書
本消毒機」，購書者可以自由利用。

03

讓閱讀變成更貼近日常的事

古書店ブックバード

（古書店 Book bird）

BOOKS — 所有二手書。擁有種類豐富的人文書、海
外推理小説。

SHOP NAME — 創意來自「希望如同鳥兒般將書送到每個
人家裡」的概念。

OPEN DAYS — 2016 年 2 月 10 日

　　2
　　800 年為了改善被視為全
日本最糟閱讀環境的北
海道，圖書與教育關係者們設
立了公益組織「一般社團法人
北海道漂書站」（HBS）。
2016 年，HBS 在遺留昭和風
情的大麻銀座商店街開設了
「古書店ブックバード」。2 樓
大廳會定期舉辦讀書會及演講
等活動，推廣閱讀。

書店的所有盈利都用來整備北
海道的閱讀環境，雖然是公益
組織，書店的選書卻並不是正
經八百的官方書籍，反而挑選
了許多推理小說、次文化及藝
術等即使不愛讀書的人也會被
吸引的有趣書籍。

在連結札幌與旭川的國道12號中間的砂川市，是一個人口只有1萬7千人的小鎮。但是，這裡卻有一間從全國各地湧進訂單的書店，那就是以「1萬日幣選書」聞名的「いわた書店」。

這個服務目前已經有3千人在排隊。首先，顧客先在一張稱為「病歷表」的問卷寫下職業及年齡等個人資料，以及心目中最棒的20本好書、最近在意的事、人生中最快樂及最痛苦的事等，店長岩田徹再根據這張問卷，替對方選出價值1萬日幣的「希望對方讀的書」並寄送出去。

書店裡所擺放的書，也全是經由店長岩田先生精挑細選。他以「10年後再讀也不褪色的好書」為標準，不斷堅持著對書的熱情。

時至今日，還是有許多愛書人為了親眼看看這位知名店長所打造的書櫃，特地遠道而來。

A 「1萬日幣選書」會從小說、詩集及攝影集等各領域選出。B 約40坪的店面，每個角落都能看到店長堅持「只賣自己想賣的書」的態度。C 每年閱讀150本以上書籍的岩田店長，精選出永不失去光芒的「具有力量的書」。

Category 02 : Hokkaido / Tohoku

04

送你「命運中的一本書」

いわた書店

（岩田書店）

BOOKS	除了書店主理人精選的一般書籍，還有雜誌及漫畫等
SHOP NAME	源自上一代店主岩田晟的姓氏。
OPEN DAYS	1958 年 4 月

地址 │ 北海道砂川市西1条北 2-1-23
電話 │ 0125-52-2221
營業 │ 9:00 ～ 18:00
　　　 週六、假日／～ 12:00
公休 │ 週日
車站 │ 在 JR 函館本線砂川站下車，再從西口步行2分鐘。
H P │ http://iwatasyoten. my.coocan.jp

♥ 鮮豔的綠色外觀令人印象深刻，窗戶上寫著大大的「いわた」（岩田）。

之前三重的友露我幫他選「讓人想看的好書」，然後給了我1萬日幣，這後來成了『1萬日常選書』的契機。」岩田店長說，這項服務每年會進行數次抽選，有興趣的人可以在網頁上報名。

1972 年日本設置了最早的行人徒步區「平和通買物公園」，以 JR 旭川站為起點，往北北東方向延續整整 1 公里。「こども冨貴堂」就建在這條徒步區的尾端，是北海道具有代表性的繪本、兒童書專門店。

隔壁是擁有旭山動物園飼養經歷的繪本作家阿部弘士的畫廊「PURU PURU」，很多人為了拜訪這兩間店會特地從北海道以外的地方過來。「這裡也是我們努力想讓旭川變得更好的一個據點。」經營者土井美千代微笑著說，然後輕輕地將剛拿到的繪本放到書架上。

05

希望大家永保赤子之心

こども冨貴堂

（兒童富貴堂）

BOOKS	以繪本、兒童書為主。店內也有當地的出版及社會趨勢、評論等書
SHOP NAME	旭川市老牌書店「冨貴堂」的分號，特別加上「兒童」兩字。
OPEN DAYS	1981 年 10 月 8 日

地址｜北海道旭川市 7 条通 8 丁目買物公園通
電話｜0166-25-3169
營業｜10:00 ～ 18:30，週日、假日／～ 18:00
公休｜無休
車站｜在 JR 函館本線旭川站下車，再從北口步行 14 分鐘。
HP｜http://fufunet.kids.coocan.jp

上方擺滿一排阿部弘士親手所繪的大尺寸插畫。

A 擁有優秀團隊精神的書店工作人員，喜歡的繪本類型也各有不同。B 視野廣闊的店內空間，雖然是兒童書專門店，但也有一般書及文庫本的精選區。C 書店的地板上好幾處刻有插畫裝飾，是讓大人小孩都會心一笑的童趣。D 以《翡翠森林狼與羊》等作品聞名的旭川出身的繪本作家阿部弘士的作品也很齊全。

A 從文藝書到商業、實用工具、雜誌、漫畫等，新書的範圍十分廣泛。**B** 北海道留萌振興局所製作的《西蝦夷 心路旅》（A4版 100 頁）內容極為扎實，完全不像免費刊物。**C** 在背後支持今店長（左邊第 3 位）的「應援隊」成員，左起是塚田裕子、武良千春、塚田亮二。**D** 店內也搜羅了豐富的留萌近郊及道北觀光情報誌，滿足其做為「旅行據點」的期待。

06

受到市民全力支持的情報據點

留萌ブックセンター

（留萌 Book Center）

地址 ┃ 北海道留萌市南町 4-73-1
電話 ┃ 0164-43-2255
營業 ┃ 10:00 ～ 20:00
公休 ┃ 無休
車站 ┃ 在 JR 留萌站搭乘沿岸路線公車，
　　　於東橋站下車再步行 3 分鐘。
HP ┃ https://www.books-sanseido.
　　　co.jp/shop/rumoi

📍 位於 MaxValu 留萌店這間大型購物中心一角，紅底白字的招牌非常醒目。

NEW

BOOKS	雜誌、書籍、漫畫等所有新書，北海道相關介紹及旅遊指南也很齊全
SHOP NAME	源自城鎮名「留萌」。
OPEN DAYS	2011 年 7 月 21 日

2010 年 12 月留萌市唯一一間書店毫無預警地倒閉，為了提供新學期所需要的學習參考書等書籍，留萌市緊急請求「三省堂書店」（東京）過來設置臨時販賣所。另外，以主婦為主的成員為了「不讓留萌成為沒有書店的地方」，組成「將三省堂書店留在留萌」團隊，經過積極並強烈的交涉，終於在半年後成立了「留萌ブックセンター」。之前的「留萌隊」也變成了「應援隊」，當時的 7 名成員如今仍以志工身分努力支援今拓己店長。

這間約有 10 萬本書刊的書店，每天都有市民頻繁來訪，滿足地拿著新書及暢銷書開心閱讀。

書店門口貼著札幌當地小學生所製作的「加油留萌新聞」。

Ⓐ在與煤炭及煤礦相關的資料上，這家店的數量數一數二。 Ⓑ店內的黑膠唱片集主要以古典音樂、爵士樂為主，單曲則是昭和的歌謠曲最多。 Ⓒ這間二手書店努力地想將昭和時期的記憶傳承給下一代。

地址 ｜ 北海道釧路市白金 1-16
電話 ｜ 0154-22-4465
營業 ｜ 週日 10:30 ～ 18:00
公休 ｜ 週一～六
車站 ｜ 在 JR 根室本線釧路站下車，再從北口步行 3 分鐘。
ＨＰ ｜ http://kosyohoubundou.com

♀ 從釧路站北口直走，沿著共榮新橋，就能看到外觀是深綠色的店舖。

07

展現幾經風霜的鄉土風情

豐文堂書店 本店

OLD

BOOKS	煤炭、煤礦及鐵路相關書籍，還有豐富的鄉土歷史書
SHOP NAME	店主的姓氏其中一字，加上「文」的組合。
OPEN DAYS	1982 年 11 月 3 日

釧路在明治初期成為煤炭、木材及農林水產的一大集散地，歷經各種變遷，累積了深厚的文化。這裡培養出原田康子、正本 Non 及櫻木紫乃等多位作家，出版文化也很盛行。

「豐文堂書店」就誕生在這塊釧路的土地上，店裡除了擺滿記錄當地各時代風土民情的書籍，還有近三千張近來重新掀起熱潮的黑膠唱片集及單曲。「以前與現在，大家都有各自享受生活的方式，我希望能透過書本為大家提供一些幫助。」書店主理人豐川俊英這麼說。

在 JR 釧路站相反的另一側還有一間「北大通店」，位在 2 樓的咖啡廳會舉辦現場演奏會。

Ａ在料理書區，即食調理包與書本放在一起，有趣的搭配讓人忍不住想拿起來看。Ｂ店裡也有以「帶點瘋狂性格的卡通角色」聞名的北斗市「壽司寄貝君」（ずーしーほっきー）週邊產品。Ｃ書店主理人的原動力來自「希望讓大家能在這間書店發現新世界」。

地址　北海道北斗市七重濱 4-39-1
電話　0138-48-5201
營業　12:12 ～ 23:23
公休　週二
車站　在道南漁火鐵道（いさりび鉄道線）七重
　　　濱站下車，再從 2 號出口步行 7 分鐘。
ＨＰ　http://yomahon-wonderfulworld.blog.jp
📍 位於產業道路及國道 227 號（大野新道）交叉口的轉角。

08

閱讀能改變世界！

本を読まない人のための本屋wonderful world!

（為了不讀書的人開的書店 wonderful world!）

BOOKS	— 人生、職場、戶外活動、次文化等
SHOP NAME	— 源自書店主理人本身因書店而改變世界觀的經驗而得名。
OPEN DAYS	— 2011 年 8 月 10 日

手繪 POP 所寫的佳句讓人忍不住駐足欣賞。

每位到訪者都興（奮不已）的期待。

玩具及書本的店，展現了她想要「讓她創設了這間書店。塞滿雜貨、衣服、不喜歡讀書的人呢？」因為這個想法，館或網路找到自己想要的書。那麼，店消失了，愛書人仍然可以透過圖書「wonderful world!」。「就算街上的書迷上了北海道，進而獨立出來開設來自大阪的上村佳樹，因工作出差而

有舊貨及俗氣的裝飾品等各種雜貨。窗，可以看到美國休閒風的服飾，還屋（為了不讀書的人開的書店）」這塊十分引人注目的招牌。透過玻璃到寫著「本を読まない人のための本開車過來只需要幾分鐘，就能看

從　充滿海潮氣息的函館渡輪碼頭

Ⓐ 前店長田口幹人、書店員工長江貴士，以及現任的松本店長也出版了自己的書。Ⓑ 免費贈送的員工手製書卡。Ⓒ 當年所發行的書當中，最受到「さわや書店」店員推崇的會以「澤屋 BEST」的排行榜方式販售。

地址 ｜ 岩手縣盛岡市盛岡站前通 1-44
　　　盛岡站大樓 Fesan おでんせ館 1F
電話 ｜ 019-625-6311
營業 ｜ 9:00 ～ 21:00
公休 ｜ 無休
車站 ｜ 在 JR 東北本線盛岡站下車，再從北口步行 1
　　　分鐘。
HP ｜ http://books-sawaya.co.jp
📍位於盛岡站大樓 Fesan 的「おでんせ館」內，「おでんせ」是盛岡的方言，有「歡迎光臨」之意。

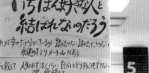

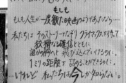

09

對書本不同凡響的熱情！

さわや書店フェザン店

（澤屋書店 Fesan 店）

NEW 📚 👛 ✏️

BOOKS ── 雜誌、書籍及漫畫等，風土民情相關的書籍也很齊全。

SHOP NAME ── 源自創業者的姓氏，同時也蘊含眾水（＝個性）流入之地的「澤」之意。

OPEN DAYS ── 1981 年 4 月 10 日

只知道價格是 810 日幣、其它都一無所知的「文庫 X」。這個在 2016 年 12 月所舉辦的企劃活動，因為迴響太過熱烈讓其它書店後來也隨之跟進。

「図書館の魔女」ファンタジーが超級図書館の魔女の一冊！

佐子
おらでひとりいぐも

「さ」わや書店「フェザン店」的賣場裡，塞滿寫著熱情評價的手繪POP及手寫海報。它們的擺放並非毫無秩序，而是遵照松本大介店長對「喜歡的書要全力偏袒」的一貫態度所做出的陳設。

不只是新書，即使已經出版了一段時間，只要這本書讓工作人員有所觸動，同樣能擺到平台，旁邊再配上自己的感想。松本店長說，「我們特別希望大家去看看文庫區」，那裡主要由資深員工所負責。出於無論如何都希望大家能讀讀的心意，將書封用寫著熱烈感想的特製書衣包住，隱藏內容及書名而造成話題的「文庫X」，就是起源自這家店。

即使「沒決定要買什麼書，只是過來逛逛」，光是看著店裡的手繪POP及文庫區，「或許就能找到新發現」，松本店長笑著說。

由於文庫本大多是已出版的精裝書的平價版，所以只需要進暢銷書的文庫版就好，文庫的定位經常受到這樣的輕視。但是，「只要稍微花一點功夫就能變成店裡的特色，同時提升銷售量」，松本店長說。「文庫X」就是成功的例子。

盛岡 ▶終電の神様 阿川大樹著
さわや書店フェザン店(盛岡站内)
29.-12.3.

A 店裡的書架全都是三浦店長親手製作，從 2 千本開始，現在店內已經有將近 8 千本書。**B** 這裡也販賣當地出版社的新書，由此看到出版社、書店主理人及顧客「希望延續青森圖書文化」的志氣。**C** 世上有什麼事，會比空間被各種好書塞滿更讓愛書人感到幸福。**D** 畫在招牌上的可愛黑貓 Logo。

10

搜羅了古今東西的書籍

古書らせん堂

（古書螺旋堂）

NEW OLD

BOOKS	人文、社會、思想、日本或海外文學等
SHOP NAME	希望能成為層層積累「創造人類想像力的書籍」的古書店。
OPEN DAYS	2015 年 12 月 4 日

沿襲日光奧州街道的國道 4 號線，起自東京日本橋，全長約 855 公里。從終點的青森公園前步行 5 分鐘，就會到達「古書らせん堂」。

過去長年在市區書店工作的三浦順平，藉由退休這個契機開設了這家書店。店裡不只販賣二手書，也會擺放書店主理人三浦先生特地挑選的新書。雖然規模比不上市區的書店，但是每本書的價值都很有公信力。「我不希望出現青森沒有這本書的情況。」希望所有的愛書人，都能知道在奧州街道的終點有這麼一家充滿氣魄的書店。

地址 ｜ 青森縣青森市新町 1-13-7 和田大樓 1F
電話 ｜ 080-2808-0079
營業 ｜ 10:00 ～ 19:00
公休 ｜ 不定期
車站 ｜ JR 奧羽本線青森站東口步行 5 分鐘
H P ｜ https://twitter.com/Koshorasendo

A 店內的商業書種種齊全，由於附近有市公所及縣政府，所以很多上班族會來訪。**B** 透過獨特視點所設置的書店特別企劃區，一直深受顧客歡迎。

C 品項眾多的雜貨類商品不只實用，作為旅行的伴手禮也不錯。**D** 「想要藉著書本的力量活絡因為震災而失去活力的城市元氣」店長小柳春之説出這樣的想望。

地址 I 宮城縣仙台市青葉區一番町 4-5-13 陽光大
　　　　樓（サンシャインビル）1F

電話 I 022-211-6961

營業 I 週一〜六／ 9:00~1:00
　　　　週日、假日／ 10:00~24:00

公休 I 無休

車站 I 在仙台市營地下鐵南北線勾當台公園站下
　　　　車，再從南 3 號出口步行 3 分鐘。

HP I https://libroplus.co.jp

♀ 位在商店街裡面，橘色的招牌特別引人注目。

11

前往森林之都旅遊的必踩景點

あゆみ BOOKS
仙台一番町店

（AYUMI BOOKS 仙台一番町店）

（月1回）

BOOKS	商業及藝術類，當地相關書籍雜誌很齊全
SHOP NAME	あゆみ BOOKS（東京總公司）前身是「書肆文禄堂」，仙台一番町店則取自書店所在的地名。
OPEN DAYS	2010 年 12 月 10 日

歷史悠久的城鎮，對風土民情相關書籍的需求也很高。

客的足跡。

尋找當地風土民情相關書籍及觀光指南、地圖的觀光客，來店裡品味商業書、藝術書或書店特別企劃區的當地市民，書店與顧客充滿著良好的交流。仙台市區的夜晚因為震災而失去了活力，這間開到深夜的書店卻從未缺少顧客的足跡。

擁有豐富歷史遺跡及大自然的森林之都仙台，在位於市中心的商店街一番町，一年到頭都擠滿了觀光客。擁有鮮豔橘色招牌的「あゆみ BOOKS 仙台一番町店」，對觀光客及當地居民雙方來說，是十分值得信賴的存在。

「橫田や」最大的魅力，展迷上木製手工玩具，進而引進書店。「繪本及玩具是連結大人與小孩的溝通工具」，橫田店長輕快爽朗大氣的人品及性格。

橫田店長在讀研究所時，因為被谷川俊太郎的繪本《語言遊戲歌》深深吸引，從而一頭踏進繪本的世界，最後直接在自家屋齡超過140年的老宅開設了繪本及兒童書店。

之後，他又在歐洲的玩具

12

店鋪及繪本都有悠久歷史

絵本と木のおもちゃ
横田や

（繪本與樹木的玩具 橫田屋）

NEW OLD

BOOKS	— 以繪本、兒童書為主
SHOP NAME	— 源自延續至祖父那代的味噌醬油店鋪之名。
OPEN DAYS	— 1978 年 10 月 1 日

地址 ｜ 宮城縣仙台市青葉區北山 1-4-7
電話 ｜ 022-273-3788
營業 ｜ 11:00 ～ 19:00
公休 ｜ 週三
車站 ｜ 在 JR 仙山線北山站下車，再步行 9 分鐘。
H P ｜ http://www.yokotaya.net

📍 位於縣道 264 號線往仙山線北山站途中交叉口，是一間砌著瓦片屋頂的古典建築。

A 書店的空間構造是狹長型，入口正面是收銀台，左側則陳列著各種玩具。B 屋齡超過 140 年的老建築，到處都能看到明治家屋的傳統工藝。C 橫田屋已開設 40 年，在宮城到處都能聽到居民們「小時候常去橫田屋玩」的懷念感嘆。D 書店右側擺放了約 1 萬冊的繪本及兒童書，從值得反覆閱讀的名著到最新的話題書都有，排列著繽紛的書封。

Category 02 : Hokkaido / Tohoku

A 從眼前到最深處的牆壁，全部陳列著古今東西的古書。B 地下書庫擺滿數量龐大的古書書架，進去前要先跟書店店員打聲招呼。C 這才是二手書店該有的種類數量。

13

在古書的大海中游泳漫步

萬葉堂書店

地址	宮城縣仙台市太白區鉤取本町 1-15-40
電話	022-245-0511
營業	10:00 ～ 21:00
公休	無休
車站	從各線仙台站下車，再搭乘宮城交通巴士，鉤取站下車即可抵達。
HP	http://www.manyodoshoten.com

📍 位於國道 286 號舊路沿線，指標是大大的綠色招牌。

NEW 📚✏️

BOOKS	鄉土歷史及絕版文庫的藏書豐富
SHOP NAME	源自萬葉集，希望能「匯集許多人的話語」。
OPEN DAYS	1994 年 11 月

不只是宮城縣，與東北地區相關的鄉土文化書也很齊全。店內光是鄉土文化的區域就超過 3 區。

「雖然說店裡至少大約有 10 萬本書，但實際上很可能接近 20 萬本。」店長松崎典子溫和地笑說。

除了大得誇張的書店面積及豐富的書籍庫存，很多人更是因為喜歡店裡細心的服務而造訪。一位年長的顧客滿意地說，「他們的服務態度一直很誠懇」。地震過後，書店在一片慌亂中重新開張，因此受到了廣大民眾的支持鼓勵，表示「書是生活的必需品，謝謝書店的努力」。松崎小姐一直堅持「將珍貴的書帶給每一個人」，這個態度自始至終都沒有改變。

除此之外，地下書庫也絕對值得一觀。從絕版文庫、戰前資料到次文化系雜誌，越是深入越能在古書的大海裡找到「寶藏」。

做為地區的交流場所，這塊稍微高起的木地板區域被拿來利用。

A 昭和 16 年鋪設的水泥地板呈現出懷舊的氛圍。**B** 與志同道合的夥伴一起討論書店的未來，書店主理人原田婆婆（右）與追沼翼先生（左）。**C** 許多客人會特意拍下這個充滿懷舊感的學年誌廣告。

以前這家店位在被稱為「旭銀座電影街」的地方，意為很多愛好電影的人造訪的據點。

地址 │ 山形縣山形市七日町 2-7-23
電話 │ —
營業 │ 11:00 ～ 18:00
公休 │ 週二～四
車站 │ 在 JR 山形站下車，再從東口步行 11 分鐘
HP │ https://ikubundoutuzuru.wixsite.com/ikubundou

📍 位在霞城公園往東 1 公里左右的電影街一角，指標是學生親手製作的招牌。

14

連結各個世代的改建空間

郁文堂書店

NEW OLD 🔖📗👛🚩

BOOKS — 風土民情相關書籍及冊子、學生們精心挑選的二手書等

SHOP NAME — 源自書店主理人的公公原田吉男於昭和 8 年開店的屋號。

OPEN DAYS — 1933 年（2017 年改建）

就讀東北藝術工科大學的追沼翼，非常喜歡這間遺留著昭和風情的書店，當他下定決心踏入大門，便看到了經營這家店的原田伸子婆婆。當時，原田婆婆正因為經營不善及找不到繼承者而煩惱，只能無奈地在開店及關店之間苦苦掙扎。

一見如故的兩人立刻募集資金進行改建，並於 2017 年再次點亮「郁文堂書店」的招牌。同時開始舉辦各種演講及電影放映會，讓這間書店成為從 10 幾歲到 80 幾歲的人都能隨意造訪，並且不可或缺的存在。

A 設定主題的書櫃會定期更換。**B** 高野先生說，「為了放進更多的書，擺放方式就不拘直的或橫的了。」**C** 高野先生的藏書一開始是 6 千本，現在約 1 萬本。**D** 最受歡迎的餐點是「深度品味 茶點套餐」。茶的種類 4 選 1，搭配茶點（玉子燒或羊羹）。

地址 ┃ 山形縣山形市六日町 7-53
電話 ┃ 023-631-8735
營業 ┃ 10:00 ～ 19:00
公休 ┃ 週二、第 2 和第 4 的週三
車站 ┃ 在 JR 山形站搭乘山交巴士，山形市役所站
下車步行 6 分鐘。
HP ┃ http://www.kamitsuki.jp
📍 指標是苔蘚綠的古典風招牌。

15

在祥和的空間裡放鬆心情

BOOK CAFE
紙月書房

NEW OLD 📚 👜 ✏️ ☕ 🍴
（一部）

BOOKS	推理小説、詩、短歌、俳句、隨筆散文、文學及當地出版社的新書
SHOP NAME	想取一個帶有「月」字的雙漢字店名，後來決定用爵士名曲《It's Only a Paper Moon》裡的「紙月」當作店名。
OPEN DAYS	2011 年 7 月 6 日

以獨特店名聞名的「紙月書房」。書店主理人高野彰原本是上班族，因為喜歡推理小說，所以在退休後開了這間書店，再加上做得一手好菜，便同時經營咖啡廳。

從窗邊的座位可以看見重要文化財「文翔館」，高野笑著表示，「很多客人都說，這個位置看過去的景色很美」。他溫和的個性讓店裡總是充滿平靜的氣氛，再喝上一杯美味的茶，整個人都會沉浸在溫暖的氣息中。不只店裡的常客能感受到這種魅力，連遠方的旅客都會特地前來造訪。

Logo 的插圖是「紙月」的日文諧音字母「kamitsuki」（咬的意思）。

Ａ 隨處可見引誘人們進入童話世界的巧思。Ｂ 為了讓大人也能享受這個空間，藝術系的繪本也很齊全。

16

在大自然引領下進入繪本世界

阿寒の森 鶴雅リゾート 花ゆう香

（阿寒之森鶴雅休閒渡假飯店 花悠香）

BOOKS	主要是繪本，數量約 400 本。以北海道為主題的繪本亦十分齊全
SHOP NAME	希望打造一個受到女性喜愛、帶著溫柔氣息的名字。
OPEN DAYS	2000 年 1 月 1 日

地址 ｜ 北海道釧路市阿寒町阿寒湖溫泉 1-6-1
電話 ｜ 0154-67-2500
營業 ｜ Check in ／ 15:00 ～，Check out ／～ 10:00
公休 ｜ 無休
車站 ｜ 在 JR 釧路站搭乘免費接駁車。
H P ｜ https://www.hanayuuka.com

📍 從國道 240 號轉進阿寒溫泉鄉，在前往阿寒湖畔的路上，就會看到優雅溫暖的大廳。

Ｇ 可以遠眺整個阿寒湖的休息室。Ｄ 以「知床」及「鄂霍次克海」等北海道為主題的繪本也不少。Ｅ 森林繪本藝廊裡放了許多布偶娃娃，佈置成可愛的空間。Ｆ 獨特的故事搭配可愛的小熊插畫，令人印象深刻的愛奴神話繪本《又踢又踩的熊神大人》，十分受到大人小孩的歡迎。

森林繪本藝廊森林繪本藝廊

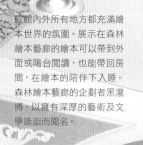

旅館內外所有地方都充滿繪本世界的氛圍。展示在森林繪本藝廊的繪本可以帶到外面或陽台閱讀，也能帶回房間，在繪本的陪伴下入睡。森林繪本藝廊的企劃者黑瀧博，以擁有深厚的藝術及文學造詣而聞名。

在

日本知名度數一數二的阿寒摩周國立公園，一共有3座神秘的火山口湖，其中之一就是阿寒湖。位在阿寒湖南岸、並建在阿寒湖溫泉湖畔的「阿寒の森鶴雅リゾート花ゆう香」，擁有鄰近觀光船搭乘處的優勢及優雅的西式風格造景，吸引許多忠實的顧客不斷造訪。

鶴雅集團在北海道各地一共擁有10間飯店，每間都設有圖書區，當中花悠香的「森林繪本藝廊」藏書就超過千本，藏書最為完備。

擔任繪本藝廊概念企劃及選書的是飯店常務董事黑瀧博。在數量不少的繪本中，與北海道相關的繪本依然最受歡迎，讓許多在這裡留宿的女性顧客們愛不釋手。

在雄偉的大自然環繞下，沉浸在繪本的世界中－應該會成為一場令人印象深刻的旅行。

靴をぬいでおよかけ下さい

北海道人&東北人都知道

當地的大型書店

比起東京等大都市，這塊廣闊的北方大地擁有的書店數量相對來得少。
但是，這些書店都是深耕於土地、廣受當地居民喜愛的老店。

青森縣 成田本店

被當地人暱稱為「成本」、創設於明治時期的老字號書店。在附設藝廊的新町店，設有精選書籍的「成田選書區」最受歡迎。

地址 I 青森市新町 1-13-4（新町店）
HP I http://narihon.co.jp

北海道 ザ 本屋さん
（The 書店先生）

以帶廣市為據點，共展開 7 間店鋪。第一芽室店與當地的製材所合作，使用落葉松木材製成的書架，設立紮根於地方的書店賣場。

地址 I 河西郡芽室町東 6 条 9 丁目 1 番地（第一芽室店）
HP I http://www.zahon.jp

北海道 旭川富貴堂

1914 年創立於旭川，在旭川市及名寄市共有 4 間店鋪。一如「想找的書就在你身邊」這個標語，他們的店內陳設簡單清爽，找起書來很容易。

地址 I 旭川市末廣 4 条 3-2-17（末廣店）
HP I http://www.fukido.co.jp

秋田縣 加賀谷書店

1953 年創立的老店，在秋田市擁有 2 間店鋪。茨島店有非常大的停車場，還設有嬰兒換尿布用台及嬰兒掛椅，可以和孩子們一起悠閒地選書。

地址 I 秋田市茨島 4-3-24 インタウン茨島（茨島店）
HP I https://kagayabooks.wixsite.com/official

秋田縣 ブックスモア
（BOOKS MOA）

在同一棟大樓裡還設有國產車豐田的經銷店，是一間型態有點奇特的書店。擁有 25 萬本以上的藏書，文具及雜貨也很齊全，同時附設大型咖啡廳。

地址 I 大館市清水 5-2- 41（大館店）

青森縣 伊吉書院

店名源自最早在東北開設書店的創業家伊藤吉太郎的暱稱「伊吉」。致力於推廣縣內鄉土歷史的出版及販售，是青森縣內規模最大的書店。

地址 I 八戶市大字河原木字神才 6-3（八戶西店）
HP I http://www.ikichi.co.jp

山形縣 こまつ書店
（小松書店）

以山形市為據點，在縣內共有
6 間店鋪。書籍、文具、CD 等
商品種類豐富，由於有廣大的
停車場，因此買東西十分方便。
壽町本店營業至深夜 24:03。

地址 I 山形市壽町 10-27（壽町本店）
HP I http://www.komatsu-shoten.
co.jp

山形縣 八文字屋

江戶時代在京都掀起熱潮的
大眾小說《浮世草子》，在流
傳到山形地區之後促使了本店
的創設。做為「永遠能找到新
發現的書店」，經常提供各種
最新的資訊。

地址 I 山形市本町 2-4-11（本店）
HP I http://www.hachimonjiya.co.jp

宮城縣 金港堂

在明治時期，由位在橫濱、東
京的教科書出版社金港堂分
號自立開店。在縣內共有 4 間
店鋪，除了販售一般書籍，社
內也有出版部，專門出版鄉土
歷史的相關書籍。

地址 I 仙台市青葉區一番町 2-3-26
（本店）
HP I http://www.books-kinkodo.co.jp

福島縣 ヤマニ書房
（YAMANI 書房）

1950 年創立於磐城市，在市內
擁有 6 間店鋪。印有藝術評論
家約翰羅斯金名言「有閱讀價
值的書才有購買的價值」的自
製紙書衣，在愛書人之間十分
有名。

地址 I 磐城市平字二町目 7-2（本店）
HP I http://www.yamanishobou.co.jp

福島縣 西澤書店

以「『貼近當地』為號招，提
供與書本相遇的地址」為宣傳
標語，在福島市內共展開 2 間
店鋪。店內也販賣福島相關的
書籍及政府刊物，是一間擁有
百年以上歷史的老字號書店。

地址 I 福島市大町 7-20（大町店）
HP I http://www.books-nishizawa.jp

福島縣 岩瀬書店

於 2012 年迎接創業 100 週年，
在縣內擁有 6 間店鋪。店內約
有 16 萬本書籍及雜誌，特別
是文庫本及童書更為齊全。店
內也販賣當地作家的手工雜
貨，頗獲好評。

地址 I 郡山市富久山町八山田字大森新
田 36-1（富久山店プラスゲオ）
HP I http://www.iwasebooks.co.jp

Category

03

關東

Kanto

在 關東大致可以分為兩個區域，一是首都圈的東京、神奈川、千葉、埼玉屬於南關東；另一個是群馬、茨城、栃木屬於北關東。

說到書店的數量及多樣性，東京可以說是遙遙領先。除了有世界最大規模的舊書街「神保町」，還有西荻窪及谷根千等好幾個近年深受歡迎的「書店街」，另外像本書所介紹的「book obscura」（P.082）及「ニジノ絵本屋（彩虹的繪本屋）」（P.087）等專門書店也很多。由「あゆみ BOOKS 小石

川店」店長久禮亮太所開設的「Pebbles Books」（P.084）也十分受到注目。

從東京再往外走一點，就是著名的觀光景點神奈川縣鎌倉市。這個深受眾多文人雅士喜愛、連芥川龍之介都定居於此的城鎮，匯集了許多很有味道的書店，例如很久以前就紮根當地的站前書店「たらば書房（鱈場書房）」（P.078）、日本唯一一間兒童 POP-UP 立體書書店「メッゲンドルファー（Meggendorfer）」（P.081）等等。千葉

及埼玉雖然有「三省堂書店」等大型書店，卻缺少具有獨特魅力的特色書店，這是比較可惜的地方。不過，後來也慢慢出現像「須方書店」（P.096）這種將江戶時代創業的酒窖改裝成書店的個性書店。

另一方面，北關東雖然人口比南關東少，卻有許多讓人想一探究竟的有趣書店。例如自江戶時代起便以陶器街繁榮的栃木縣益子町，幾年前就成立了一間專門販賣陶藝及民間藝術等相

KANTO

執筆

和氣正幸 わきまさゆき

1985 年出生，早稻田大學文學系畢業。在還是上班族的時期，便於 2010 年開始舉辦「BOOKSHOP LOVER」等推廣小型書店魅力的活動。現在的工作則以網站及雜誌為主，舉辦與書店及書籍相關的各種活動。著有《東京 一定要去拜訪的街道書店》、《日本的小小書店》。

關美術書的「內町工場」（P.089），許多符合當地產業及歷史的二手書店逐漸在這裡出現。

在茨城縣筑波市，原本深受當地居民喜愛的「友朋堂書店」於 2016 年歇業，之後像是填補空洞般誕生了「えほんやなずな（繪本屋 薺草）」（P.094）這間繪本專門店。群馬則有「F-ritz art center」（P.090）、「ふやふや堂（麩麩堂）」（P.092）這兩間重視店內陳設及選書的美麗書店，成為當地文化發信地般的存在。

無論是區域個性或是數量眾多的書店，都是關東地區書店的魅力。來這裡觀光的同時，也可以隨性去拜訪幾間有趣的書店，如何呢？

A 前面是雜誌及童書，越往裡面走，書籍內容就變得越艱澀。
B 從店內左側的岩波文庫開始，架上陳列著國內外的詩集、文學、人文書及科學書等書籍，是愛書人最喜歡的區域。**C** 雜誌的陳列及擺放也花了一番功夫，盡量讓顧客可以看到標題及封面。**D** 架上放著店內每個月發行的免費刊物「鱈場通信」中介紹過的書。

地址 ｜ 神奈川縣鎌倉市御成町 11-40
電話 ｜ 0467-22-2492
營業 ｜ 週一～六／ 9:00 ～ 21:00
　　　　週日、假日／ 10:00 ～ 19:00
公休 ｜ 無休
車站 ｜ 在 JR 江之島電鐵鎌倉站下車，
　　　　再從西口步行 1 分鐘。
HP ｜ —

たらば書房

（鱈場書房）

🆕 🛍️

BOOKS ── 綜合類型。文藝書、人文書較多。
SHOP NAME ── 創意來自「鱈場蟹」這種不斷舞動雙螯的生物。
OPEN DAYS ── 1974 年

這間位在鎌倉的「たらば書房」，是一間深受許多作家及編輯喜愛的知名書店。擁有 40 年以上歷史的「たらば書房」，開店初始主要以人文書為主進行選書，現在則增加了更多比較輕鬆主題的書籍，難易穿插的書籍種類非常受到歡迎。

有的書架集中放置文庫本及新書，有的則不管書本大小、以內容相關為分類放在一起。為了讓客人方便拿取，書本的疊放及陳列方式也花費了一番功夫，讓人在挑選書本時會不知不覺沉迷其中忘了時間。

書架陳列的秘訣就是「只放置每月新書當中看起來最有趣的書」，店長川瀨由美子很直接地說。她曾在書店工作長達 30 年，是極為資深的書店店員。不過即使她不說出口，從書架的擺設就能看出她「希望客人與書本正面交流」的想法，「我希望大家找書時就像在尋寶」。這間店最大的魅力，就是仔細地欣賞書櫃擺設，並從中找出專屬於自己的那本書。

E 從鎌倉時代的歷史書《吾妻鏡》到改編成電影的漫畫《海街日記》，只要與鎌倉相關的書，不分類型都放在一起。**F** 以歷史小說《赤穗浪士》聞名的作家大佛次郎就定居在鎌倉，他描寫自己與愛貓（500隻）每日生活的散文《有貓的日子》，是書店的人氣商品。**G** 鎌倉春秋社及港之人等當地小型出版社的書也很多。**H** 從鎌倉車站前的圓環步行一下就抵達，黃色的遮陽頂棚是這條街上的醒目指標。

A 店內分成時尚、設計、文學思想等區域。**B** 左方深處的小房間裡，陳列著店長推薦的評論及哲學書。**C** 「深愛英國傳統風格，打扮時尚的細川先生。因為大學時期主修哲學，所以思想及文學的選書也很多。

地址 ｜ 神奈川縣橫濱市港北區篠原台町 4-6
　　　 Sage 白樂 107
電話 ｜ 045-859-9644
營業 ｜ 11:00 〜 19:00
公休 ｜ 週一（假日會營業）
車站 ｜ 在東急東橫線白樂站下車，再從西口步行 3
　　　 分鐘。
HP ｜ http://tweedbooks.com

♀ 白幡商興會直走，指標是推車及直立式招牌。

流行時尚就全交給我

Tweed Books

OLD

BOOKS	—	服飾、時尚相關的書籍。設計、哲學、人文及文學書也很多
SHOP NAME	—	希望能像傳承三代的粗花呢夾克（tweed jacket）般長久受到喜愛。
OPEN DAYS	—	2014 年 12 月 10 日（2015 年遷址）

「Tweed Books」的書店主理人細川克已從小就喜歡書本及服裝，據說整個大學時期都泡在舊書街神保町裡，後來歷經新書書店及出版社的工作，最後獨立出來開了這間書店。

因為過去從書本中獲得的知識，讓他後來足以投身時尚界，這是為什麼店裡擺放了許多服裝相關書籍的原因。特別是攝影集、散文及雜誌的數量眾多，思想、人文的專門書籍也不少，讓擺放在一起的書本也產生出特殊的意義。

以時尚相關書籍佔多數的二手書店，在整個日本都十分稀少。如果想要知道時尚的歷史，造訪這間書店，最適合不過。

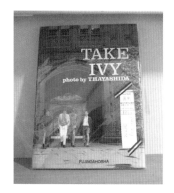

細川先生特別深受影響的時尚雜誌《TAKE IVY》。

「メッゲンドルファー」是日本唯一一間兒童 POP-UP 立體書專門店，店內展示並販賣各種會跳出圖案或發出聲音、充滿多元設計的美麗立體書。每一本都有樣書，可以實際拿起來觀賞體驗，再決定是否購買。

一樓裡側的展示區可以了解 POP-UP 立體書的歷史，二樓則設有能參加 POP-UP 立體書製作的教室。「我想打造一個可以體驗所有關於 POP-UP 立體書的空間」，店員嵐田康平說。只要來過一次，一定會深深被它的魅力所擄獲。

03

充滿魅力的 POP-UP 立體書

メッゲンドルファー

（Meggendorfer）

  （月1回）

BOOKS	兒童 POP-UP 立體書，還有少量國外的繪本
SHOP NAME	源自 19 世紀兒童 POP-UP 立體書代表作家 Meggendorfer。
OPEN DAYS	2006 年（2016 年遷址）

地址 I 神奈川縣鎌倉市由比濱 2-9-61
電話 I 0467-22-0675
營業 I 10:00 ～ 18:00
公休 I 週三
車站 I 從 JR 鎌倉站東口步行 10 分鐘或在江之島電鐵和田塚站下車，再從鎌倉方向出口步行 5 分鐘
HP I http://www.meggendorfer.jp

♥ 書店外觀是暗褐色木質外牆及三角形屋頂。

Ⓐ 像美術館般的店內空間，陳列著 700 種以上的繪本。
Ⓑ 店裡也販賣店名來由 Meggendorfer 的復刻版作品。Ⓒ 天花板掛著大衛·卡特《小黑點》系列當中的一頁。Ⓓ 店裡的獨家商品《鎌倉 段葛》，是可以從洞裡觀看的有趣立體書。Ⓔ 其它還有《愛麗絲夢遊仙境》等名著。

書店創設當時，直接將地點選在這間與書有密切關係的老印刷廠舊址。

04

用五感品味攝影集的世界

book obscura

地址 │ 東京都三鷹市井之頭 4-21-5 #103
電話 │ 0422-26-9707
營業 │ 12:00 ～ 20:00（六日、假日營業）
公休 │ 週二、三（遇到假日則順延）
車站 │ 在 JR 京王井之頭線吉祥寺站下車，再從南
　　　　口步行 10 分鐘。
H P │ https://bookobscura.com

📍 指標是大大的玻璃窗，書店就佇立在寧靜的街道上。

BOOKS	—	以攝影集為主，另外販賣個人出版品及藝術書等
SHOP NAME	—	源自照相機的原始裝置（camera obscura）。
OPEN DAYS	—	2017 年 10 月 4 日

滿滿一櫃能讓人了解攝影歷史的書，可以請書店主人推薦不錯的書或說明內容，都會獲得詳細的解答。

攝影集專賣店「book obscura」，就位在吉祥寺站穿過井之頭公園，再走一段路的住宅街區當中，是由南青山的旅行書專門店「Book 246」前店長黑崎由衣所開設的書店。

不管是具有歷史價值的作品或是年輕作家的新書，只要不知道該怎麼選擇的時候，都可以直接詢問黑崎小姐。

除了推薦適合的書，她也會從作家及歷史等各個角度去教導客人如何欣賞攝影集。店裡也會展示攝影作品，並提供與之搭配的咖啡。她希望「大家能用五感去感受攝影」，由此可以感受到這是一間對攝影集充滿深刻愛情的書店。

A 在以山為主題的攝影展裡，推出在戶外可以
萃取的方式泡的咖啡。**B** 店內擺設著機身有像
手風琴折疊狀等各種造型的相機。

不受限於價格及種類、品項多元深受愛書人喜愛的「あゆみBOOKS 小石川店」已經關店 1 年半。「小石川店」的前店長、後來以自由書店員身分為 Book Cafe「神樂坂物語」等書店選書的久禮亮太終於開設了自己的新書店，地點就位在與「あゆみBOOKS 小石川店」相同的區域，也就是整體環境充滿綠意的小石川。

久禮亮太的目標是「普通的小鎮書店」，除了當地居民日常需要的實用書，書店裡也擺放了人文書等能讓人感受到閱讀樂趣的好書。他的書架陳設最厲害的地方，就在於只要看到一本書，就會不斷地被隔壁的書所吸引，讓人忍不住一本接一本地看過去。書本擺放也具備絕妙的距離感，不管哪一本被抽走，都不會破壞整體的流暢感。

這是一間能擴展興趣範圍的書店，一不留神，就已經買了各種各樣的書了。

照片是裝潢當時的模樣。沉穩的綠色牆壁及書架令人印象深刻，很適合綠意盎然的小石川，牆面與中央都放置了書架，書店共有二層樓。

05

期待已久的書店開幕了！

Pebbles Books

Category 03：Kanto

BOOKS	所有類型的新書
SHOP NAME	期許書店能如同附近流經的千川裡的美麗鵝卵石一般，匯集眾多經過雕琢的好書。
OPEN DAYS	2018 年 9 月 15 日

地址 ┃ 東京都文京區小石川 3-26-12
電話 ┃ 03-5844-6253
營業 ┃ 13:00 ～ 22:00
公休 ┃ 週二、三
車站 ┃ 在東京地下鐵丸之內線後樂園站下車，再從 8 號出口步行 8 分鐘，或是在都營大江戶線春日站下車，再從 A5 出口步行 8 分鐘。
HP ┃ https://www.pebblesbooks.com

A 店內左邊是雜誌，裡側則放著漫畫，右邊是文藝人文區。**B** 用手寫標語特別框出來的「希望能大賣的書&新書」區。
C 聽說自己的書在這家書店賣得特別好，日籍美國日本學學者唐納德·基恩（Donald Keene）還曾經特地到訪！

06

不像一般站前小書店的選書眼光

サンブックス浜田山

（Sunbooks 濱田山）

Category 03 : Kanto

NEW

地址 ┃ 東京都杉並區濱田山 3-30-5

電話 ┃ 03-3329-6156

營業 ┃ 10:00 ～ 22:00，週日、假日／ 11:00 ～ 21:00

公休 ┃ 無休

車站 ┃ 從京王井之頭線濱田山站步行 1 分鐘。

HP ┃ —

位在站前的商店街裡，指標是瓦楞紙做的店名招牌。

BOOKS — 綜合類型

SHOP NAME — 創始者在家裡排行第 3，所以取日文中「3」的諧音當作店名。

OPEN DAYS — 1983 年

進去書店馬上映入眼簾的就是小出版社的書展。

書

店位置雖然在東京，其實卻與都心有一段距離，不過這不妨礙「サンブックス浜田山」成為一間頗受好評的書店。

這間店的外觀看起來就像從前的傳統書店，店頭放著兒童雜誌及週刊，到了傍晚時刻，就會有回家途中的顧客過來購買，很日常的一種存在。

但是，只要一走進書店，就會為店內的陳設所驚嘆，然後發現書與書之間在內容上有著不經意的連結。雖然這是間綜合書店，但是店長木村晃在人文書的選書上眼光十分獨到，因此店面雖小，卻擁有許多忠實顧客，也經常舉辦出版社的書展，樸實並確實地滿足鎮上愛書人的需求。

086

A 書店出版的繪本《充滿野心的葡萄》，作者是工作人員。 B 作者親手畫 POP 介紹自己推薦的好書，這一區很受歡迎。 C 走進書店裡側，迎面就會看到許多美麗的繪本封面。

07

除了是書店，還是出版社及批發商

ニジノ絵本屋

（彩虹的繪本屋）

🌟 NEW 👛 🚩

BOOKS	— 繪本
SHOP NAME	— 靈感來自希望成為連結繪本創作者及讀者的彩虹橋。
OPEN DAYS	— 2011 年 1 月 4 日（2017 年遷址）

地址 I 東京都目黑區平町 1-23-20
電話 I 03-6421-3105
營業 I 12:00 ～ 18:00
公休 I 週二、三
車站 I 在東急東橫線都立大學站下車，再從南口步行 3 分鐘。
HP I http://nijinoehonya.com

📍 店鋪前方留有廣闊的空間，指標是木製招牌及水藍色的門扉。

店裡也有 anonima studio 出版的《森林裡面的樹懶》等立體書。

都 立大學的「ニジノ絵本屋」，他們可以說囊括了所有與繪本相關的工作。經營理念是「連結讀者與創作者」，但是在做書的過程中，會產生關聯的不只有作者，還有設計者及編輯等許多人。因此，在追求「連結讀者與創作者」的過程中，除了繪本的銷售之外，他們也涉足出版及批發等所有與繪本相關的工作。

當初會開設這家店，就是來自「即使不有名，也希望能讓人看到所有的好書」的想法。因此店裡鄭重地擺了許多與書店相關的作家的書，讓它們為更多人所認識。

Ⓐ店內一半的空間是咖啡廳，有不少座位直接面對書架。Ⓑ店裡也販賣岩波書店創業第 2 年出版的夏目漱石《心》親筆原稿（複製版）。Ⓒ店裡右邊的書架 1／3 全部是岩波文庫出版的作品，無論是岩波新書或現代文庫都很齊全。

地址｜東京都千代田區神田神保町 2-3-1
　　　岩波書店 Annex 1F・2F・3F
電話｜03-6268-9064
營業｜9:00 ～ 20:00，六日、假日／ 10:00 ～ 19:00
公休｜不定期
車站｜在各線神保町站下車，再從 6 號出口步行 1
　　　分鐘。
HP｜https://www.jimbocho-book.jp/

♀入口處右方的牆壁上掛著神保町的古書街地圖。

08

成為書的城鎮神保町的散步據點

神保町ブックセンター

（神保町 Book Center）

［月 2～3回］

BOOKS ── 以岩波書店的書為主
SHOP NAME ── 隱含著成為神保町象徵地標的想望。
OPEN DAYS ── 2018 年 4 月 11 日

書店裡側的共同工作區，每個月會舉
辦 2 ～ 3 次活動。

除了當地的客人，觀光客也經常來訪，路上經常會聽到旅客詢問這間書店的位置。這間店才開幕沒多久，已經開始在神保町擁有一席之地。如果來到書店街神保町，一定要記得過來這裡看看。

這間複合式書店的特色不僅僅是擁有咖啡區，還設有工作室、會議室及工作桌等工作區域，不但可以隨意造訪，便利性也非常高。

016 年，原本位在神保町的「岩波ブックセンター」在一片惋惜聲中熄燈，2018 年，「神保町ブックセンター」在同一個地方重新開幕，店內現在販售的岩波書店新書及文庫本就高達 9 千本。

A 店裡陳列著許多陶器、古董及民俗藝品等很有「益子風味」的書。B 除了陶器之外，還有門把及置物架等各式各樣的舊傢俱。C 與蘊含著悠久歷史的舊傢俱處在同一個空間，讓二手書顯得更有存在感。

地址 ∣ 栃木縣芳賀郡益子町益子 897
電話 ∣ 0285-81-7840
營業 ∣ 11:00 ～ 18:00
公休 ∣ 週三
車站 ∣ 在真岡鐵道益子站下車，再從 1
號出口步行 15 分鐘，或是在真
岡鐵道益子站搭乘東野交通巴
士，於內町站下車即可抵達。
HP ∣ —

📍 指標是印有書店 Logo 的招牌。

内町工場

09

品味歷經時光淘養的美好

內町工場

OLD 📚 👛 ✏️

BOOKS — 以美術書為主，還有料理書等其它實用工具書及小說等

SHOP NAME — 店鋪位在內町，前身又是塑膠工廠而得名。

OPEN DAYS — 2011 年 2 月 5 日

從客人手中買來的二手書就直接擺在書架上，可以看出原主人的閱讀經歷。

位 於栃木縣芳賀郡益子町的「內町工場」，這間小小的書店就安靜地佇立在這個自江戶時代起就以陶器產地興盛的街道上。書店主理人佐藤一貴原本在隔壁的城鎮經營禮品店，卻在不知不覺中被益子町的風情所吸引，進而來到這裡開設這間同時販賣古董及二手書的店。

店裡最多的是與陶藝及民間藝術相關的美術書，書櫃塞得滿滿的景象給人一種懷舊的氣氛，同時可以感受到時間所累積的價值。

這間被巨大的苦楮樹所環抱的書店，是前橋市的文化據點。除了展覽之外，還會舉辦現場演唱會及舞蹈活動。二樓是美容院，同一塊腹地裡還有傢俱店（原本是咖啡廳「RITZ」）。

地址 I 群馬縣前橋市敷島町 240-28（敷島公園內）
電話 I 027-235-8989
營業 I 11:00 ～ 19:00
公休 I 週二（遇假日則順延）
車站 I 在 JR 前橋站搭乘關越交通巴士，敷島公園
　　　公車總站下車再步行 10 分鐘。
H P I http://theplace1985.com
📍 外觀紅色的圓形建築，指標是寫著繪本屋的四方形招
牌。

10

精選能夠流傳百年之後的好書

F-ritz art center

（每月）

BOOKS ── 以繪本、攝影集及畫冊等視覺導向的書籍
　　　　　為主。另外還有文學及人文書。
SHOP NAME ── 建在咖啡廳「RITZ」隔壁，圓形屋頂帶著柔
　　　　　和的女性特質，因此在前面加上 Female（女
　　　　　性）的 F，最後命名為「F-ritz art center」。
OPEN DAYS ── 1993 年 7 月

位

位在群馬縣敷島公園裡的「F-ritz art center」，是來自當地前橋市的小見純一開設的書店。他之前一直在東京工作，空閒時就去歐美各國旅行。世界轉了一圈之後，他看到逐漸空城化的故鄉，忽然轉念想成立一間書店，讓故鄉的人們可以輕鬆接觸到全世界的美術、戲劇、舞蹈等文化。

首先是眼前令人印象深刻的書店外觀，是模仿知名英國兒童科幻電視劇《雷鳥神機隊》中登場的基地造型。書店空間的配置也十分奇特，最裡面有展覽的藝廊，另外還有在群馬縣定居的芥川獎得獎作家絲山秋子的公開書房「絲山房」。

店裡所選的書，都是以「讓孩子們與無可替代的書及藝術相遇」為基本標準，是一間能帶來美妙體驗的特別書店。

Ａ寬廣的書店空間，適合孩子讀的書及大人的書區分得很清楚。Ｂ店內有世界知名繪本《丁丁歷險記》的概念店。Ｃ繪本依「0、1、2歲」等讀者年齡對象區分。

Ｄ Ｅ作家絲山秋子每個月會現身一次，當她在書房時，可以現場與她交流。Ｆ也有依安野光雅及莫里斯‧桑達克等作家名分類的書架。Ｇ十分具有特色的空間構造。作為靈感來源的《雷鳥神機隊》，是書店主理人小時候深受感動的電視節目。

A 書店建築是 1931 年建成的舊早政紡織工廠，裡側是書店主理人齋藤的事務所及地圖設計研究室。順帶一提，這本書的地圖就是這間研究室製作的。B 整個桐生市只有這裡才能找到夏葉社或三島社等小出版社的書。C 將書籍以「請教人生的前輩」、「關於飲食」或「關於生活」等獨特的方式分類。

地址 ┃ 群馬縣桐生市本町 1-4-13 早政織物工場內
電話 ┃ 0277-32-3407（地圖設計研究室）
營業 ┃ 週一／ 16:00 ～ 19:00，週五／ 12:00 ～ 19:00
　　　 第 1、3 個週六／ 10:00 ～ 16:00
車站 ┃ 在 JR 兩毛線桐生站或是上電上毛線西桐生站
　　　 下車，再從北口步行 30 分鐘。 從東武線新
　　　 桐生站搭乘織姬巴士（おりひめバス），在
　　　 本町 1 丁目站下車再步行 2 分鐘。
H P ┃ http://www.fuyafuya.jp

📍充滿歷史感的木造建築，指標是寬廣的停車場及三角形屋頂。

11

地圖職人在桐生市開設的新書書店

ふやふや堂

（麩麩堂）

NEW

BOOKS ── 小型出版社的書、繪本、旅行相關書籍及
　　　　　個人出版品等
SHOP NAME ── 因為從前設立事務所的地點在京都的「麩
　　　　　　 屋町通」而得名。
OPEN DAYS ── 2014 年 12 月 22 日

也有群馬的「suiran」及京都「ホホホ座」（參照 P.012）所作的書。

桐生書籍文化的中心據點。

戰」等，今後這間書店也將成為

的活動，如「書本城鎮桐生大作

始，在桐生大力推動與書本相關

從舉辦一箱二手書市集的企劃開

的使命感，書店主理人齋藤先生

由於一直抱著「城鎮需要書店」

而來的出版品。

及個人出版的小冊子等特意搜羅

店內也放置了許多小出版社的書

自己想要的書，就自己開店了。」

設的新書書店。「因為桐生沒有

設計師齋藤直己於紡織廠舊址開

名的群馬縣桐生市，是地圖

「ふ　やふや堂」位在曾以紡織聞

櫃台可以享用卡夫卡杜松子酒及咖啡，右邊裡側則是一個小小的展示空間。

地址 ｜ 群馬縣高崎市椿町 24-3
電話 ｜ ─
營業 ｜ 12:00 ～ 20:00
公休 ｜ 週三
車站 ｜ 在 JR 各線高崎站下車，再從西口步行 18 分
　　　鐘／在 JR 高崎站搭乘關越交通巴士，在本
　　　町三丁目站下車再步行 2 分鐘。
H P ｜ http://rebelbooks.jp
📍 位在大樓的 1 樓，特色是白色牆壁及大大的圓角四邊
形窗戶。

部份的書附有書店主理人荻原的書評，藉此引起
讀者閱讀的興趣。

12

沒事的話就來看看吧！

REBEL BOOKS

BOOKS	設計、音樂、飲食、科學、地區相關等類型，其它還有社會學、文學、繪本、ZINE 小誌、個人出版品等
SHOP NAME	閱讀可以改變無聊的日常，源自對無聊的反叛＝ REBEL 的含義。
OPEN DAYS	2016 年 12 月 17 日

即使是地方都市，只要認真尋找還是可以找到很多有趣的地方。為了證明這一點，設計師荻原貴男開設了這間「REBEL BOOKS」。

「只要覺得無聊了，就歡迎來書店，透過閱讀一定可以發現有趣的事。」無論是簡單好讀的書，或是插畫及照片很美的出版品，都能帶領讀者進入好奇心的世界。

這家店的特徵是擺放了許多個人出版的小冊子及 ZINE 小誌，這些主題通常少見於一般通路，能夠清楚了解製作者的思維概念，發現閱讀的樂趣。

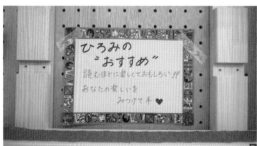

「え ほんや なずな」是茨城縣筑波市所開設的繪本專門店。繪本講師藤田一美在可以融入日常生活並購買繪本的場所，也就是這間書店。

藤田小姐之前一直都將重心放在繪本的朗讀活動上，不過在 2016 年 2 月市內的大型書店關門之後，越來越多家長詢問「要去哪裡買繪本」。因為這個原因，她便決定打造一個

「我希望這裡能成為父母休息及交換資訊的場所。」藤田小姐這麼說。當他們為教育孩子感到疲累時，便可以來這間書店渡過一段放鬆的時間。

13

在書店消失之地盛開的「薺草」

えほんや なずな

（繪本屋 薺草）

NEW　OLD（月3～4回）

BOOKS — 以繪本為主，還有少量童書及小説等
SHOP NAME — 希望能在這個沒有書店的地方，像薺草一樣茂盛生長。
OPEN DAYS — 2016 年 10 月 22 日

地址 | 茨城縣筑波市竹園 2-4-10　村田大樓 105
電話 | 029-828-5120
營業 | 週二、四、六／ 11:00 ～ 17:00，週五／ 13:00 ～ 17:00
公休 | 週一、三、日
車站 | 在 TSUKUBA EXPRESS（築波快線）筑波站下車，再從 A3 出口步行 14 分鐘，或是在 JR 土浦線轉搭關東鐵道巴士，竹園二丁目站下車再步行 3 分鐘。
FB | https://www.facebook.com/298nazuna

位在大樓 1 樓裡側，入口是上半部裝玻璃的拉門。

A 店裡放著嬰兒床及嬰兒椅，空間非常寬廣。
B 不只繪本及童書，也有許多適合大人讀的書。CD 店內 10 名員工都會用手繪 POP 介紹自己推薦的書。
E 還會舉辦「來薺草聽故事」等朗讀會。

A yonpako 裡的藝廊所展示的作家介紹 DM，還有與書店相關作者的作品。B 在店內裡側的壁櫥裡有一個「羊駝圖書室」，是借書專用。C 如同古民宅的店內景象，店長經常會隨著心情改變陳設。

14

為生活帶來安穩及調劑

風花野文庫

地址 ｜ 栃木縣宇都宮市上大曾町 341-1 2F
電話 ｜ 028-625-3408
營業 ｜ 週六、日／ 13:00 ～ 20:00
公休 ｜ 週一～五
車站 ｜ 從 JR 宇都宮站西口換搭關東自動車巴士，
上大曾站下車再步行 1 分鐘。
HP ｜ https://kazahananobunko.jimdofree.com

📍 外觀是水泥白色四方形建築，設有停車場。

OLD 🎒 🚩
(月1回)

BOOKS ── 生活風格類書佔多數，其它還有小說、實用工具書及繪本等
SHOP NAME ── 富有能像草原上被風吹拂的野花般自由自在的意涵。
OPEN DAYS ── 2015 年 5 月 31 日

從宇都宮站搭乘巴士，不久便能到達「風花野文庫」，這間書店就位在附設咖啡廳及藝廊的大樓「yonpako」2 樓。書店主理人竹澤奈穗美從小就喜歡書，曾說「書本拯救了她的人生」。現在，為了拯救將被主人丟掉及拋棄的書，她開了這間書店。

這間店的理念是「尋找為生活帶來調劑的書」，同時以「不要的書就賣給風花野文庫」為號召，從客人手中買書，整理過後擺到書店。「我希望這裡成為只要看到書店的燈光，就能讓客人感到開心的『心靈綠州』」——只要待在這裡，就能讓人感到放鬆。

D 這裡放著竹澤小姐以「信」為主題收集的相關書本，因為「讀信會讓人心靈變得豐富」。E 這個區域放著許多與栃木有淵源的作家，如版畫家川上澄生的作品全集等等。

位在七梅造酒廠舊址裡，當中還有電影院「深谷 Cinema」、豆腐屋獸面瓦的工房，還有雜貨店、咖啡廳及咖啡專賣店等。

地址 ∣ 埼玉縣深谷市深谷町 9-12
電話 ∣ 080-3121-1851
營業 ∣ 夏／ 11:00 ～ 18:00，冬／ 11:00 ～ 17:00
公休 ∣ 週二
車站 ∣ 在 JR 高崎線深谷站下車，再從北口步行 8
分鐘。
H P ∣ https://sugatabooks.com

♥ 位於舊中山道沿路的造酒廠遺跡，指標是紅磚造的煙
囪。

OLD

BOOKS	— 除了字典、百科全書以外的所有類型
SHOP NAME	— 源於書店主理人自己的名字。
OPEN DAYS	— 2012 年 3 月 17 日（2014 年改名）

「須方書店」所在的這棟建築，是原本創業於江戶時代（中期）的七梅釀酒廠的酒窖，但是七梅釀酒廠在 2004 年因為破產而歇業。它所留下的這棟珍貴的古老建築，後來經由一般社團法人「町遺深谷」改建為商業設施，賦予新的生命。當時，「須方書店」就是參與計劃的商店之一。

剛開始，他們是以「圓之庭」這個讀書社群為名義進行活動，經手的書本數量也不多，直到改名為「須方書店」之後，才真正開始書店業務。據說，店裡現在已經被滿滿的書給塞滿，從實用工具書、文藝書到美術展目錄、深谷市的鄉土史等等，種類豐富又範圍廣泛。

「我最大的樂趣，就是與客人以古書為題暢談各種想法」，書店主人須方紀光說。或許來這裡，還能聽到許多史料裡沒有記載的寶貴經驗也說不定。

原本是蒸米處的書店內部，收銀台背後有一個巨大的酒樽蓋，上面寫著「圓之庭」（円の庭）。喜歡爵士樂的書店主理人須方，將自己喜歡的黑膠唱片裝飾在酒樽蓋上。

A B 這裡展示著七梅造酒廠舊址裡面獸面瓦工房的作品，以及客人贈送的畫作。**C** 店內右邊的書架空間，借給「一頁堂」及「山貓書房」等其它書店擺書。**D** 昭和13年（1938年）的海報，上面寫著鼓勵戰時節約的標語，很有時代感。**E F** 還有許多沒有書背的古式日式線裝書。

「1 6 の小さな専門書店」是一間風格十分奇特的書店。店內每一種類型的書，都經由架空的專門書店進行選書，例如實用工具書就是「虞美人書店」、漫畫就是「鳩豆堂」等等。

16 の小さな專門書店領域的書籍特色都變得更加鮮明。

書架上除了日本國內的書，還囊括了海外文學及冷門的國外漫畫，範圍非常廣泛。另外，他們也十分擅長利用手繪 POP 介紹作者簡歷，讓初次接觸這個領域的讀者也能很快進入狀況。稍不留神，已深深沉浸在豐富的書本世界裡。

但實際上負責選書的，是以店長鈴木毅為中心的各區負責人，他們用架空書店的招牌來分類，讓每個店裡。

16

每個書櫃都是另一個世界

16 の小さな専門書店

（16 的迷你專門書店）

（月1回）

BOOKS	— 綜合類型
SHOP NAME	— 因為每一個類型的書自成一個專門書店的概念，全部共有 16 個類型而得名。
OPEN DAYS	— 2017 年 9 月 15 日

地址 ｜ 千葉縣千葉市中央區新町 1001 SOGO 千葉 JUNNU3F

電話 ｜ 043-306-6781

營業 ｜ 10:00 ～ 20:00

公休 ｜ 無休

車站 ｜ 在 JR 外房線千葉站下車，再從南口步行 5 分鐘或是在京城千葉線京城千葉站下車，再從西口的剪票口步行 1 分鐘。

HP ｜ http://16bookstore.editorial-jetset.co

📍先在入口大廳的地圖確定店內配置。

Ａ電影書專門書店「駒鳥文庫 EAST」的區域，就設在附設的迷你電影院入口。Ｂ免費刊物專門書店「FREE BOOKS 鳥巢」，收集全日本的免費出版物。Ｃ手繪 POP 除了介紹作者近照及簡歷，還會附上書的內容簡介及書店主人的熱情推薦。Ｄ書店內部還附設展示空間，舉辦與作品相關的展覽。Ｅ附設的咖啡廳「KAMO's KITCHEN」的特製甜酒很受歡迎。

Ⓐ讓店內陳設「永保魅力」的秘訣，就是時時精心維護。Ⓑ特設書區及書展區也很受歡迎。Ⓒ店中央是「書店與閱讀的世界」的迷你書展。

地址 ┃ 千葉縣佐倉市上志津 1663
電話 ┃ 043-460-3877
營業 ┃ 9:00 ～ 22:00
公休 ┃ 無休
車站 ┃ 在京成電鐵京成本線志津站下車，從南口出站即抵達。
HP ┃ https://tokiwabooks.wixsite.com/tokiwabooks
📍 進入志津車站大樓，書店就位在右側。

17

今天也提供好書中！

ときわ書房 志津 ステーションビル店

（都喜多書房 志津 STB 店）

NEW 📚 👛 ✏️ 🚩

BOOKS ── 綜合類型

SHOP NAME ── 「都喜多」是「在都市裡歡喜居住」之意，取自過去位在船橋的老店「都喜和壽司」（現已歇業）的屋號。

OPEN DAYS ── 1992 年 11 月（2005 年改裝）

「ときわ書房 志津ステーションビル店」就位在志津站南口出來的位置，店內除了擺放各種暢銷書，也陳列著許多店長日野剛廣所認為的「嘔心瀝血之作」。當中花費最多心力的，是人文書及海外文學的部分。

店裡的書籍種類之所以如此豐富，是日野先生在參觀全日本的書店、並全心追求「好書店」之後所呈現的成果。他也曾跨出這個安全區，跑去參與佐倉城下町的一箱二手書市集。「我還想要針對許多平常不閱讀的人舉辦推廣書本的活動。」透過他的熱情，才讓我們看到「一本好書是如何經由書店的努力到達讀者手上」的。

推薦書區的書不分新舊，推特上也會每天介紹 2 本主題及內容有所關聯的書。

所有房間都有露天溫泉及擺滿書的書櫃。由於每個房間的書籍陳設都不同，無論到訪幾次都能享受新鮮的感覺。

18

盡情享受「有書本的生活」

箱根本箱

BOOKS	— 以設計、藝術、飲食為主
SHOP NAME	— 將書本與箱根結合在一起之意。
OPEN DAYS	— 2018 年 8 月 1 日

地址	神奈川縣足柄下郡箱根町強羅 1320-491
電話	0460-83-8025
營業	Check in ／ 15:00 ～ Check out ／～ 11:00
公休	無休
車站	在箱根登山鐵道中強羅站下車，再步行 4 分鐘。
H P	http://www.hakonehonbako.com

在箱根的強羅溫泉區誕生了一個全新的圖書設施，名為「箱根本箱」。它是圖書經銷商日本出版銷售股份有限公司與生活情報誌《自遊人》共同合作創辦的設施。

除了旅館之外，裡面還有書店、餐廳、咖啡廳、商店及共同工作區，每個區域都能看到書的蹤影，所以不管何時何地都能享受閱讀的樂趣。對於愛書人來說簡直是夢幻般的存在。

設施內放著以「衣・食・住・遊・休・知」為主題的各種新舊書刊，一起透過溫泉及閱讀，來療癒忙碌日子所帶來的疲憊吧！

館內所有的書都能在書店買到，透過每一個空間，讓人感受「有書本陪伴的生活」。

A 5 樓的主題是豪華野營式，可以躺在地上看書。**B** 6 樓的女性專用區有化妝室及讓女性們聚會的空間。**C** 4 樓裡側的共同工作區，電源配備齊全，可以開個簡單的會議。**D** 同一棟大樓裡的星巴客咖啡可以帶進來飲用。**E** 5、6 樓還有可以另外租用的單間，用來休息或讀書都可以。

19

位在都心的完美空間

TSUTAYA BOOK APARTMENT

【24】

BOOKS	4 樓是商業書，5 樓是旅遊及生活風格、小說、漫畫，6 樓是料理等女性取向的書
SHOP NAME	發想來自「有書本的房間」。
OPEN DAYS	2017 年 12 月 6 日

這間由創立「蔦屋書店」的 CCC 集團（Culture Convenience Club）的 TSUTAYA 開設的新式設施，就位在新宿站旁邊，是一個 24 小時營業的「放鬆空間」。

4 樓裡側有共同工作區，5 樓是男女共用區，6 樓則是女性專用區。

5、6 樓的概念是「第 3 個起居室」，所以可以穿著拖鞋，在沙發或座位上或坐或躺，悠閒地讀著自己喜愛的書，讓人體會到有別於自家或老家的另一種放鬆感。

地址	東京都新宿區新宿 3-26-14
電話	03-5315-4077
營業	24 小時
公休	無休
車站	在 JR 各線新宿站下車，再從東口步行 1 分鐘。
HP	https://tsutaya.tsite.jp/feature/store/tba_shinjuku

📍「紀伊國屋書店 新宿本店」就在眼前，純白色的建築。

關東人都知道

當地的大型書店

從擁有奇妙歷史的老店到新銳的複合式Book Cafe。
首都東京所在的關東地區，聚集了各式各樣的書店。

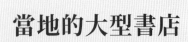

神奈川縣 住吉書房

於 1927 年開設蕎麥麵屋「やぶそば（藪蕎麥）」、51 年改為超級市場之後，這個擁有奇特經營歷史的店，又在 71 年開始經營書籍業務，並且在神奈川、千葉等地擁有 14 間店鋪。元住吉店甚至與德國不萊梅市的商店街結盟，設置具有國際特色的「布萊梅大道商店街」。

地址 ｜ 川崎市中原區木月 1-22-7 平成第一大樓 1～3F（元住吉店）
HP ｜ http://www.books-sumiyoshi.co.jp

東京都 有鄰堂

在首都圈有 55 間店鋪，同時也經營出版事業的大型連鎖書店。2018 年才開幕的複合式商店「日比谷中央市場街」（HIBIYA CENTRAL MARKET），裡面結合了居酒屋、服飾店、雜貨、理容院、眼鏡店及書店等 9 間店鋪。 如同「街道」的空間，讓人逛一整天也不會膩。

地址 ｜ 千代田區有樂町 1-1-2 東京 Midtown 日比谷 3 樓
HP ｜ https://hibiya-central-market.jp

埼玉縣 須原屋

江戶時代來自和歌山縣須原村的商家來到日本橋開設書店，明治 9 年，在縣都浦和市創設分店，是唯一一間繼承「須原屋」屋號的書店。

地址 ｜ 埼玉市浦和區仲町 2-3-20（本店）
HP ｜ http://www.suharaya.co.jp

千葉縣 良文堂書店

據點位在松戶市，2～4 樓每層的書種都不同，尤其是 2 樓的童書區藏書特別豐富。精心設計的動態海報，在有小孩的家庭顧客中很受歡迎。

地址 ｜ 松戶市松戶 1-1225（松戶店）
HP ｜ https://twitter.com/Books_Ryobundo

千葉縣 ときわ書房
（都喜多書房）

在 JR 船橋站南口開店超過 50 年，與當地居民走過許多時光。除了身為小鎮書店的便利性，近來他們在推理小說及漫畫的選書上也十分受到好評。

地址 ｜ 船橋市本町 4-2-17（本店）
HP ｜ http://tokiwabooks.wixsite.com/tokiwabooks

栃木縣 BIG ONE BOOK STORE

以栃木縣為中心，共有 13 間店鋪。經營理念是為客人帶來「改變人生的契機」，因此店內販售範圍廣泛的書籍、文具及雜貨等商品。TSUTAYA 櫻花店除了書籍以外，遊戲及收藏卡的種類也很齊全。許多顧客會特地從縣外來此造訪，十分具有人氣。

地址 ▎ 櫻花市櫻野 505（TSUTAYA 櫻花店）
HP ▎ http://www.bigone.co.jp

群馬縣 煥乎堂

明治初年在前橋市創立，充滿開放感的挑高大門及時髦的店內陳設令人印象深刻。他們的期待是提供一個可以符合當地居民各種興趣的空間，因此除了書籍之外，也經營樂器店及音樂、英語教室。據說當地出身的知名詩人萩原朔太郎也經常來此造訪。

地址 ▎ 前橋市本町 1-2-13（前橋本店）
HP ▎ http://www.kankodo-web.co.jp

茨城縣 川又書房

以水戶市為據點，創立於 1872 年的老店。位在車站大樓的 EXCEL 店誕生於 2015 年，是縣內第一間複合式咖啡廳書店。並且在那之後，成為當地人最喜歡前來購買文具及品嚐咖啡的據點。

地址 ▎ 水戶市宮町 1-1-1 水戶站 大樓
　　　 EXCEL 5F（EXCEL 店）
HP ▎ http://www.book-ace.co.jp

茨城縣 ブックエース
（BOOK ACE）

1986 年誕生的郊外型複合式書店。2016 年成立的 LALA Garden 筑波，與咖啡專門店「SAZA COFFEE」共同合作，打造了十分舒適的空間。

地址 ▎ 筑波市小野崎字千駄 278-1
　　　 LALA Garden 筑波 1 樓（TSUTAYA
　　　 LALA Garden 筑波）
HP ▎ http://book-ace.co.jp

栃木縣 うさぎや
（兔子屋）

大正時代誕生於鹽谷郡喜連川町（現在的櫻花市喜連川）的小小書店，現在全國已有 16 間店鋪。在車站附近的宇都宮站東口店，營業時間到深夜 12 點，同時全年無休，具有優越的便利性。

地址 ▎ 宇都宮市元今泉 4-19-6（宇都
　　　 宮站東口店）
HP ▎ http://www.usagiya-web.com

Category
04—中部
Chubu

位

在日本正中央的中部地區，分成南部連接太平洋的東海區、環抱日本海的北陸區，以及面臨日本海的北陸爾卑斯山的信州區以及面臨日本海的北陸區。由於處在關東區及關西區之間，分別受到東西雙方的影響，因此形成了獨特的價值觀以及閱讀文化。

特別值得一提的區域是名古屋及長野縣。在名古屋，老字號書店、二手書店、次世代的選物店等完全不同領域的書店業者，10年前就開始互相支持合作，共同舉辦二手書市等振興城鎮的活動。從「ちくさ正

文館書店 本店（千種正文館書店 本店）」（P.126）、「シマウマ書房（斑馬書房）」（P.127）為首，他們犀利的選書眼光及充滿特色的店內陳設，對於「想要踏進書店界」的初學者來說，是非常值得參考學習的優良書店。

長野則出現了許多不斷摸索「與書的全新連結」、發展原創概念的特色書店。以伐木為本業的「杣Books」（P.125）、可以親身體驗藝術的Book cafe「Guest house& 茶房 読書の森

（Guest house & coffee 讀書之森）」（P.124）等，都是能夠讓人獲得全新發現的書店。

除此之外，北陸地區的金澤及富山，因為2015年北陸新幹線的開通而產生了巨大變化。之前都是以當地的大型書店及歷史悠久的二手書店為主流，後來受到眾多觀光客及移居者的刺激，從而開設了許多如「本と印刷 石引パブリック（書與印刷 石引PUBLIC）」（P.112）這種新世代的選物

CHUBU

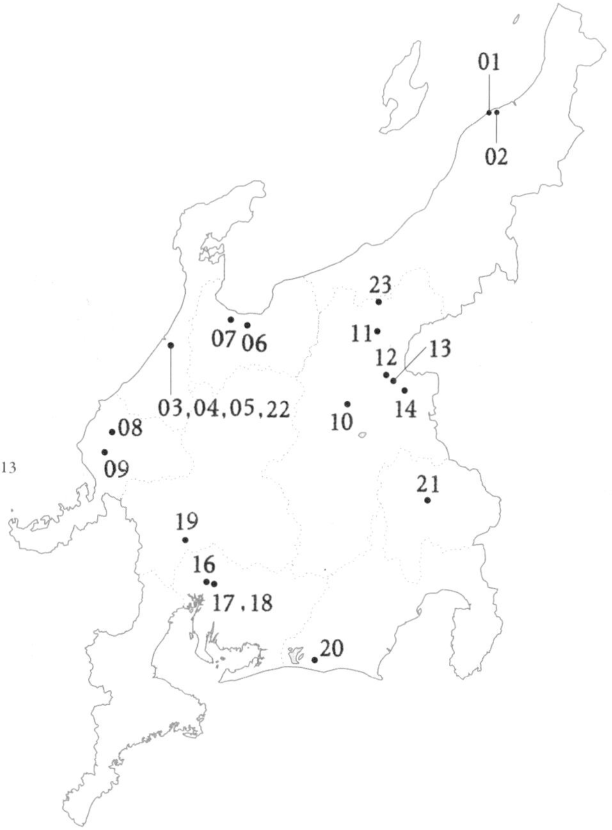

執筆

佐藤實紀代 さとうみきよ

1981年出生於日本福井縣。大學畢業後，曾在當地書店及設計事務所工作，之後獨立創業。目前為編輯及自由作家，從2015年起以福井為據點推動與書相關的「Have a Nice Book！」活動，並與書店合作舉辦讀書會、一箱二手書市集等各種企劃。同時也是書店「Hoshido」的主理人，目前正以「能夠出版書的書店」為目標奮鬥中。

書店。

中部地區的書店數量雖然比關東及關西少，但是這裡的書店擅於活用區域特性，也不被形式所限制，勇於跨出去與城鎮建立連結，從而催發出新的化學變化。如果有機會造訪這個區域的各家書店，一定要仔細觀察書店附近的變化。透過書店的角度，或許小鎮的風景會變得更加令人印象深刻。

Ⓐ書店就位在新潟市公所前面的大樓 1F。 Ⓑ不分單行本、新書、漫畫等類型，全都平放在同一個平台上。Ⓒ與新潟當地相關的出版品都放在醒目的位置，除了新書，也有個人出版的小冊子及二手書。Ⓓ書店內部的展覽空間「北書店畫廊」。因為可以像買書一樣輕鬆地欣賞畫作，所以經常有年輕人會衝動購買。

01

推薦好書沒有規則可言

北書店

NEW 🛍 ▶

BOOKS	— 綜合類型（漫畫偏少）
SHOP NAME	— 取自書店主理人過去工作過的老字號書店「北光社」中的一字。
OPEN DAYS	— 2010 年 4 月

地址 ┃ 新潟市中央區醫學町通 2-10-1
　　　 DIA PALACE 醫學町 101

電話 ┃ 025-201-7466

營業 ┃ 週一～五／ 10:00 ～ 20:00
　　　 週六、日、假日／ 12:00 ～ 20:00

公休 ┃ 第 1、3 個週日

車站 ┃ 在 JR 新潟站轉搭新潟交通巴士，市役所前站下車再步行 3 分鐘。

H P ┃ http://kitashoten.net

「北書店」書店主理人佐藤雄一先生曾經是老字號書店「北光社」的店長，可惜北光社已於 2010 年歇業。他一邊忙著處理關店後的後續工作，一邊想著「如果就這樣停掉北光社的工作以及與客人的連繫，那就太可惜了」，於是就在短短 2 個月之內又開設了這間個人書店。

環視整間店內，可以看到書與書之間展示著畫作或是當地偶像的 CD，一個聯繫新潟街道與文化的空間就自然成形了。「畫家的展覽也好，當地的偶像也好，書店應該是連結所有事物的地方。」不只是書，由此可以強烈感受到店長想將所有好東西都和大家分享的心情。

在佐渡島的古民宅咖啡廳「日和山」裡，也有北書店的外派書櫃，通稱「南書店」。去佐渡島觀光的時候，也可以順便去看看。

E 自 2011 年起，由愛書志工協力舉辦的一箱二手書市集「新潟書光」的海報，佐藤店長也是主要企劃成員之一。 **F** 從「北光社」繼承而來，掛著復古招牌的童書區域。 **G** 以新潟市古鎮為活動據點的偶像團體「RYUTist」專區，店內經常舉辦現場活動，或是請偶像來做一日店長，讓書店和偶像創造出全新的可能性。 **H** 書店中央放的是佐藤店長親手做的移動式書櫃，每次舉辦活動就會移開，把空間騰出來，最多可容納 100 人。

Ａ 位在靠近沼垂露臺商店街正中央的一棟老舊建築。**Ｂ** 這區放著良寬及坂口安吾等新潟出身的作者作品及新潟縣史等與當地相關的書籍。 **Ｃ** 僅容一個人通行的狹窄通道，與書這麼近距離的感覺很新鮮。

地址	新潟縣新潟市中央區沼垂東 3-5-18
	080-5172-1881
電話	週五、六／ 12:00 ～ 17:00
營業	週日／ 10:00 ～ 18:00
	11 月～ 3 月：週五、六／ 12:00 ～ 16:00
	週日／ 10:00 ～ 17:00
公休	週一～四
車站	在 JR 新潟站搭乘新潟交通巴士，沼垂四角站下車再步行 5 分鐘。
HP	http://shop.fishon-huruhon.com

02

希望每位來訪者都能隨心所欲拿起書翻閱

フィッシュ・オン

(Fish on)

OLD

BOOKS	綜合類型
SHOP NAME	源自開高健的釣魚旅行記《Fish on》。
OPEN DAYS	2014 年 3 月

村上春樹的作品和美國文學放在書店主理人的推薦區。

從新潟站稍微往北，穿過栗之木繞道直直向前，就會看到帶著昭和懷舊風情的沼垂露臺商店街。座落在其中的一間書店，晴天時書架幾乎擺滿店外，就是「フィッシュ・オン」。

店裡的書架陳設，二手書會依類型做分類整理。書店主理人三原洋介說，「我希望客人能像魚在海裡游泳一樣，自由地在店裡巡遊」。因為只有 4 坪大的空間，每個經過商店街的客人，都會在打招呼之餘進店裡看看，順道買一本書回家，那種輕鬆自在的感覺是這間書店最大的魅力。

A 2 樓的藝廊是欣賞作家作品的地方，1 樓則展示、販賣成為作品靈感契機的書。B 2 樓的藝廊也會舉辦兒童的體驗講座及作家的講座。C 小巧的空間裡，錯落展示著藝術作品及書籍。

地址 ｜ 石川縣金澤市廣阪 1-9-11
電話 ｜ 076-222-1801
營業 ｜ 11:00 ～ 18:00
公休 ｜ 週一（假日會營業）
車站 ｜ 在 JR 金澤站搭乘北鐵巴士，廣阪‧21 世紀美術館站下車再步行 1 分鐘。
HP ｜ http://booksunderhotchkiss.com

📍 位在距離 21 世紀美術館幾步距離之處，3 樓是廣告製作公司「Hotchkiss」的事務所。

03

來窺探一下作家們的腦袋吧！

Books under Hotchkiss

NEW OLD 📖📖 👜 🖊📐 🚩

BOOKS ── 展示作家們精選的各類型書籍

SHOP NAME ── 由廣告製作公司「Hotchkiss」經營。希望能像固定文件的釘書機那樣，打造一個透過書連結人與人、人與社會的空間。

OPEN DAYS ── 2015 年 5 月 1 日

「Books under Hotchkiss」就位在金澤 21 世紀美術館走路 1 分鐘可以抵達的地方，是一間每 3 個月會更換一次展覽的藝廊書店。

在 1 樓的空間，對參展作家的人生造成影響的書會成為作品的一部分共同陳列，可以讓人窺見他們創作自己作品時的思路。

推薦的參觀方式是先去 2 樓的藝廊仔細欣賞過作品，再回到 1 樓看書。書店主理人久松陽一說，「我希望這裡能成為客人每次到訪都能遇見新鮮事物的場所」。

如同他的期待，這個可以讓人從不同角度更加深入地去理解一本書的地方，想必會讓人獲得新的發現。

這裡也有許多與參展作家共同合作開發的獨創商品。

「如果要開分店就是這裡了」佐佐木店長一眼就看中這棟建築物，有些脫落的油漆反而更有味道。在金澤很受歡迎的麵包店「ひらみパン HIRAMIPAN」就在隔壁

地址 ｜ 石川縣金澤市長町 1-6-11
電話 ｜ 076-255-0619
營業 ｜ 11:00～19:00
公休 ｜ 週一
車站 ｜ 在 JR 金澤站搭乘北鐵巴士，
　　　香林坊站下車再步行 5 分鐘。
HＰ ｜ http://oyoyoshorin.jp
📍 指標是門口寫著「古本」的大招牌。

位在金澤的「書本的寶島」

オヨヨ書林
せせらぎ通り店

（OYOYO 書林 溪流路店）

BOOKS	綜合類型
SHOP NAME	源自創始者山崎有邦喜歡的小說、小林信彥所著的《OYOYO 島的冒險》。
OPEN DAYS	2011 年 3 月 23 日

江

戶時代在長町一帶的武家屋敷遺蹟有兩條灌溉用水渠道，其中之一的鞍月用水，沿岸佇立著許多咖啡廳及雜貨店，通稱為「溪流路」，而「オヨヨ書林せせらぎ通り店」就位在這裡的北口一角。

「オヨヨ書林」的前身是 1999 年由山崎有邦開設的網路書店，之後才創立實體書店，並於 2011 年，由佐佐木奈津在這裡開了「溪流路店」。當時做為「溪流路」少有的獨立二手書店，受到男女老少的喜愛，如今已經成為當地居民不可或缺的存在。

這間書店的選書屬於綜合類型，也販賣過期的人氣雜誌及岩波、筑摩文庫的書。寬廣的店內到處可見成山的書堆，是書迷們看到會兩眼發光的寶山。

書架之間放了一台鋼琴，不定期會舉辦現場演奏活動。偶爾也會有路過的觀光客隨手彈上幾曲。

A 直達天花板的書架，陳列著文藝書愛好者喜歡的各類全集。**B** 店內也蒐羅了金澤傳統能樂「加賀寶生」流的歌謠本。**C** 有些繁雜的店內空間，反而更讓人有尋寶的興奮感。**D** 齊全的岩波、筑摩、講談社文藝的文庫本，是本店的魅力之一。為了讓年輕世代的顧客也能喜歡上文庫本的形式，今後也會大力推廣。**E** 珍貴的古書也不可錯過。

Ⓐ 與金澤相關的小冊子及免費出版品也十分齊全。Ⓑ Risograph 孔版印刷才有的錯版、墨跡、擦痕才是最大的魅力。Ⓒ 一進到店裡，首先看到的就是巨大的書櫃。以藝術書及攝影集為主，個性十足的封面設計能夠刺激人的大腦。

地址 ｜ 石川縣金澤市石引 2-8-2 山下大樓 1F
電話 ｜ 076-256-5692
營業 ｜ 13:00 ～ 19:00
公休 ｜ 週日、一
車站 ｜ 在 JR 金澤站搭乘北鐵巴士，石引二丁目站
下車再步行 3 分鐘。
HP ｜ https://www.ishipub.com

📍面對大馬路的大玻璃窗建築，指標是畫在中央的 logo。

獻給所有想要展現自己的人

本と印刷
石引パブリック

（書與印刷 石引 PUBLIC）

NEW OLD

BOOKS —— 藝術書、攝影集、人文書、生活風格及文化相關書籍、漫畫等

SHOP NAME —— 在石引開書店是書店主理人一直以來的心願。

OPEN DAYS —— 2016 年 7 月

「石引パブリック」所在的石引周邊，有金澤美術工藝大學及金澤大學醫學系，從以前就被稱作「金澤的學生街」。書店主理人砂原久美子說，「石引具備學生們所培養出來的文化土壤」。

同時兼任廣告設計工作的砂原小姐，因為職業的關係，一直覺得金澤缺少販賣藝術書及攝影集的書店有點可惜，「我想開一間書店去激勵想要表現自己的人」，因為這個念頭便下定決心開了這家書店。2 樓是可以進行 Risograph 孔版印刷的印刷室，除了學生之外，這裡也成為刺激其他人表現欲的據點。

咖啡區可以吃到附近人氣麵包店「mugico」的火腿起司三明治。

書店主理人飯野彌風音希

「ジンジャーラーメンブックス」位在富山市中心的繁華區，距離總曲輪通商店街走路5分鐘可以抵達的地方。店面看起來是拉麵店，掛的招牌卻是「二手書」。店裡的書幾乎都是怪奇、推理、妖怪及怪獸等小眾類型的書籍。

望富山能有一間開得很晚的書店，所以開了這間書店，「結果放的幾乎都是讓自己開心的書」。在親切又溫柔的笑容背後，強烈感受到深藏著富山文化深厚又強大的力量的一間怪奇書店。

06

在夜晚的陪伴下，享受書本、咖啡及怪奇故事

古本と珈琲 ジンジャーラーメンブックス

（二手書與咖啡 薑與拉麵書店）

OLD 📚 👛 ☕ 🍴

BOOKS	—	超自然、幽靈、怪奇及怪獸等
SHOP NAME	—	繼承之前拉麵店的名字。
OPEN DAYS	—	2016 年 11 月

地址 | 富山縣富山市南田町 1-3-13
電話 | 080-8995-3781
營業 | 週一／ 17:00 ～ 23:00，週五／ 17:00 ～ 24:00
　　　 週六／ 11:00 ～ 24:00，週日／ 11:00 ～ 23:00
公休 | 週二～四
車站 | 在富山地鐵市內線上本町站下車再步行 2 分鐘。
HP | ─

📍門口保留著原來「ジンジャーラーメン」的霓虹燈。

🅰 這個大書櫃主要放著文藝及人類的選書。🅱 拉麵店時期的櫃檯直接保留了下來，店裡的「奶油咖哩雞」很受歡迎，有不少忠實的常客。後面的黑板寫著讀書會的介紹。🅲 書店主理人喜歡的角落，放著金田一耕助系列及澀澤龍彥相關的書籍。🅳 另外也有《黑魔團》、《世界怪奇事典》等小眾書。🅴 書店主理人最喜歡的《吸血鬼》相關書籍，每年只會開放一次。

櫃台與稍微墊高的木板區都保持著當時的模樣，巨大的工作桌除了可以閱讀，也可以作為工作區。

地址 I	富山縣射水市戶破 6360 LETTER 1F
電話 I	080-4251-0424
營業 I	11:00 ～ 18:00
公休 I	週二
車站 I	在愛之風與山鐵道（あいの風とやま鉄道）小杉站下車，再從北口步行 15 分鐘。
HP I	https://www.hirasumashobo.com

由大正時期建造的郵局所改建，「ひらすま書房」就位在 1 樓。

07

書送到了！

ひらすま書房

（午睡書房）

NEW OLD（1都） 👛（月1回） 🚩

BOOKS	生活風格類書、繪本及童書等
SHOP NAME	店名的日文是富山腔的「午睡」之意，希望能讓來這裡的人想看書就看書、想午睡就午睡，度過一段悠閒的時光。
OPEN DAYS	2014 年 1 月

「ひらすま書房」位在老郵局所改建的建築「LETTER」裡面。推開書店大門，就會看到保留著當時的氛圍，佇立在復古及溫暖光線中的書櫃。

原本是小學老師的書店主理人本居淳一，退休之後開始經營移動書店。因為許多不可思議的緣份，讓他最終在當地開了這間書店。書架上放著許多與工作方式相關的書，是本居先生在「退休後思考人生時接觸到的書」。

「雖說現代人已經不看書，但是如果把書拿給孩子們，他們還是會看得很開心。因此，我覺得作為大人的我們應該盡量提供他們與書接觸的機會。」這段話傳達了書店主理人平穩又堅定的信念。

即使是大人，也能跟孩子們一起保持童心，找到屬於自己的一本書。

114

A入口附近放著一排繪本及童書,聽說有很多爺爺奶奶買來自己看。B移動書店的一角,現在仍持續在各地的活動中移動販售。C書店所在的區域過去曾經是繁榮的宿場街(類似現在的公路休息站),原小杉郵局就建在街上,店裡各處仍可以看到當時所遺留的痕跡。

DE在這棟重新改建為文化設施的「LETTER」裡,有附設廚藝教室的辦公室及藝廊展覽區, 書店與當中的成員多有聯繫,因此也放了許多料理書及藝術書。F Logo 是午睡中的「大雄」。

店裡是居酒屋才會使用的朱紅色櫃台，可以一邊看書，一邊與他人交換藝術及文學的對話。

08

尋找「甜甜圈的秘密基地」

Hoshido

NEW OLD

BOOKS	— 以歷史、人文、藝術為主
SHOP NAME	— 原名為「星星與甜甜圈」（ホシとドーナッツ），後改為「Hoshido」，因為書店主理人既愛書又愛甜甜圈。
OPEN DAYS	— 2016 年 10 月

地址 ｜ 福井縣福井市中央 1-22-7
電話 ｜ 090-3291-5319
營業 ｜ 參照 FB
公休 ｜ 參照 FB
車站 ｜ 在 JR 北陸本線福井站下車，再從 5 號出口步行 3 分鐘。
FB ｜ https://www.facebook.com/hoshido.fukui

📍 位於 1 樓是「クマゴローカフェ」（熊五郎咖啡）的綜合大樓，指標是手寫的招牌。

「Hoshido」位在福井站前的住商混合大樓，直接利用原本和風居酒屋的內裝設計，店內到處可以看到櫃台或石牆裝飾等當時留下來的痕跡。

店內約有 500 本二手書，還有新書、與福井相關的冊子及免費出版物等。選書標準是「像甜甜圈當中的洞一樣」，甜甜圈當中的洞雖然看不見，卻是不可或缺的存在。她希望店裡放的都是人生中不可或缺的書。

平常以現場活動為主，只有每週三才開放書庫。雖然店內很狹窄，但是與許多陌生人處在可以自然交談的距離，那種沙龍般的氛圍十分有魅力。

店裡也販賣負責音樂的工作人員所選的新專輯及中古 CD。

各式各樣的雜貨與吸引目光的書籍，很有節奏感地陳列在店內。像玩具箱一般的活潑陳設，讓心情也跟著雀躍起來。

地址 ｜ 福井縣鯖江市下司町 2-4

電話 ｜ 0778-62-0545

營業 ｜ 11:00 ～ 19:30

公休 ｜ 週五

車站 ｜ 在 JR 鯖江站搭乘杜鵑花巴士（つつじバ
　　　　ス），下司站下車再步行 6 分鐘。

HP ｜ http://kucyu-books.main.jp/

📍 像船一樣清爽的藍白外觀，令人印象深刻。

09

輕鬆、自由地翻開書本

空中 BOOKS

BOOKS	—	漫畫、文學、繪本、生活風格、戶外活動等
SHOP NAME	—	帶著「想要自由變化」的心願。
OPEN DAYS	—	2006 年 7 月 13 日

「空中 BOOKS」位在鄰接福井市及鯖江市、通稱「舊 8」的縣道沿線，是一間以次文化為主題的獨立書店。書店主理人朔晦載欣利用自己過去在「Village Vanguard」（書籍雜貨店）工作的經驗，開了這間讓當地居民像購買雜貨般輕鬆接觸書本的書店。從結伴而來的小朋友到情侶檔，顧客年齡層十分廣泛，即使不常接觸書的人也會常來這裡逛逛。

店內的書櫃及桌子都是書店主理人親手所做，店內陳列著暢銷的繪本，還有軍事風的生活雜貨等，每個地方都帶給人興奮及期待的感覺，讓心靈獲得自由的解放。

除了漫畫區之外，文學書區的藏書也很齊全。一如書店主理人所言「我特別挑選注重裝幀設計的書籍」，因此這裡的書都十分有個性，讓人愛不釋手。

一進到店裡，迎面而來的就是海德堡凸版印刷機，難得有機會可以這麼近距離地觀察。

A 1 樓的咖啡區，一個人也可以隨意造訪的氛圍。**B** 書店區販賣著許多為生活增添色彩的雜貨，還有書店所主辦的「ALPS BOOK CAMP」活動的原創商品。**C** 舉辦企劃展的 2 樓展示區也值得一看。

地址 ∣ 長野縣松本市深志 3-7-8
電話 ∣ 0263-50-5967
營業 ∣ 7:00 ～ 20:00
公休 ∣ 週三（不定期臨時公休）
車站 ∣ 在 JR 篠之井線或松本電鐵上高地線松本站
　　　下車，再從東口步行 10 分鐘。
H P ∣ http://sioribi.jp

📍 沿著站前大馬路往前走，指標是前身的「高橋 Radio 商會」的藍色招牌。

10

在這裡暫停休息一下

栞日

NEW OLD

BOOKS	生活風格類書籍
SHOP NAME	來自「想在宛如流水的時光裡夾入書籤（栞）的生活」的心願。
OPEN DAYS	2013 年 8 月

忍不住讓人想拍下來的可愛手繪招牌。

許多人應該是透過愛書人的夏日活動「ALPS BOOK CAMP」，才知道「栞日」這間書店。自開店以來，它不斷地在進化，從書店、藝廊及咖啡廳，到現在經營長住型的住宿服務。「栞日」的誕生是為了「讓每天的生活擁有快樂的標點符號」，令人驚訝的是，這個店名據說是書店主理人菊地徹在大學二年級時就決定好的。

店內所放置的書，全都是直接跟出版社進貨。「不透過經銷商，需要聯絡的窗口就會變多，但是我覺得與做書的人直接交流才是最有趣的地方」菊地輕聲笑著說。他的選書以「讓生活變得更舒適」為主軸，「如果能成為人們除了家裡及職場之外想去的第三個場所，那就太好了」，在他的眼裡，彷彿能看到這個城鎮平穩又充滿希望的未來。

2樓的書店區，最擁有存在感也是最引人注目的就是整面牆的書櫃。在窗外吹入的微風以及沉穩的照明下，可以慢慢尋找屬於自己的一本書。

每一本都是值得細讀的好書。

地址 ｜ 長野縣長野市東町 207-1 KANEMATSU
電話 ｜ 026-217-5559
營業 ｜ 11:00 ～ 19:00
公休 ｜ 週一、二
車站 ｜ 在長野電鐵長野線權堂站下車，再步行 10 分鐘。
HP ｜ http://www.yureki-shobo.com

📍 留著當時「塑膠金松」（ビニール金松）的招牌。

打開書本，開始環遊世界

遊歷書房

OLD

BOOKS —— 歷史書、人文、文學、漫畫
SHOP NAME —— 來自「想要環遊世界、暢想歷史」的概念。
OPEN DAYS —— 2011 年 6 月

「遊歷書房」位在稍微偏離善光寺表參道、一棟老塑膠工廠的倉庫改建的建築物「KANEMATSU」裡。

直達天花板的書櫃，整齊地排列著法國、德國、美國及東南亞等世界各國的書，美得讓人入迷。

書店主理人宮島悠太長年在當地的書店工作，資歷匪淺，是書的專家。他活用自己旅遊世界各地所得到的經驗，選出許多值得深入挖掘的好書。以「書的地球儀」為概念，這個空間可以讓人從長野瞬間到達世界各地。

進到建築物裡，走過咖啡廳會看到另一個入口。

一進到店裡就會被整齊美麗的巨大書櫃包圍，讓人忍不住出聲讚嘆。當中有許多文化史或美術學等專門書籍，對於無法滿足於圖書館及一般書店的人來說，是個讓人流連忘返的好地方。

A由於前身是在網路販賣二手書的「VALUE BOOKS」，因此可以便宜買到狀態良好的暢銷書。書架的陳列會隨著季節改變。B快閃行銷商品會不定期更換，採訪當時陳列的是日本旅遊生活雜誌《PAPER SKY》的期間限定展。C這區放的是與上田市及長野縣相關的書籍。D上去2樓可以看到直達天花板的書櫃，開放式設計給人的感覺十分舒適。

由於每天都會舉辦活動，許多不同領域的利用者都會造訪這間書店。

12

位在社區中心的書店

NABO

NEW OLD
（一般）

BOOKS ── 綜合類型

SHOP NAME ── NABO是丹麥語「鄰居」之意，用以代表「希望成為城鎮及人們身邊的書店」的含義。

OPEN DAYS ── 2015年1月10日

地址｜長野縣上田市中央 2-14-31
電話｜0268-75-8935
營業｜10:00〜21:00
公休｜週二
車站｜在上田電鉄別所線・信濃鐵路上田站下車，再從城口步行9分鐘。
HP｜http://www.nabo.jp
入口不是在正面，而是在停車場裡側。

做 為長野新型態書店而受到注目的「NABO」，前身是號稱有兩百萬本藏書的網路書店「VALUE BOOKS」，最大的特色就是能以合理的價格買到最新出版的新書。

店員小野村美鄉說，「不管是現在的話題新作或是往年的名著，我們希望能提供大家一個輕鬆買書的場所」。

店內還附設能品嚐到輕井澤「haluta」現烤麵包的咖啡廳，再加上每日的特別活動，讓這裡成為愛書人以及上田區人潮集中的主要據點。

舒適寬敞的空間，書櫃裡主要放著奧村先生的藏書，大部分是電影、攝影等藝術相關的書籍。店裡還提供手工果醬吐司以及現磨咖啡。

地址 ｜ 長野縣東御市本海野 1030
電話 ｜ 090-4161-3200
營業 ｜ 10:30 ～ 16:30
公休 ｜ 週二、三（12 ～ 2 月冬季休息）
車站 ｜ 從信濃鐵路大屋站或田中站步行 22 分鐘。
　　　田中站可以免費借自行車。
HP ｜ https://twitter.com/fukagawafura

📍留著舊時「丸屋 平右衛門」招牌及掛著「のらっぽ」
　（懶人）門簾的日本家屋。

13

來這裡悠閒隨意地偷懶吧

海野宿古本カフェ のらっぽ

（海野宿二手書咖啡 懶人）

OLD 📚👜☕

BOOKS ── 文學、電影、藝術及自然類相關的書籍
SHOP NAME ── 概念來自「想要做個懶人」的心願。
OPEN DAYS ── 2016 年 7 月

身 為日本街道 100 選之一的北國街道「海野」宿古本カフェのらっぽ」，位在其中的「海野宿」，是一間活用宿場町建築、屋齡 160 年古民宅風情的二手書店。書店主理人奧村誠一是從東京移居到信州的新住民，為了處理自己龐大的藏書量，故於 2016 年開業。

舒適的日本家屋建築與二手書非常搭配，讓身處其中的人經常慵懶地忘了時間。書店主理人笑著說，「這間店每週休息兩天，下午 4 點就關門，真的是『懶人』作風呀」。為每天忙碌的人們，提供了一個溫暖又療癒的場所。

光是看著就讓人心情放鬆的雜貨，還有可愛的貓咪明信片。

A 還有司馬遼太郎的歷史書，以及與森林、昆蟲、野鳥等相關的自然書籍，更有許多客人是為了書店主理人親手所泡的咖啡遠道而來。 B 這裡是可以讓孩子們盡情放鬆的玩耍區「MOMOMO」，裡面放著書店主理人的朋友同時也是繪本作家田島征三的作品。 C 製作於2012年「大地的藝術祭」中的作品《道樂音樂盒》，就位在書店的腹地裡。這是一個用竹子製作的屋狀建築，同時也是樂器，可以演奏。

地址｜長野縣小諸市大字山浦 5179-1
電話｜0267-25-6393
營業｜10:00 ～ 18:30
公休｜無休
車站｜在信濃鐵道小緒站搭乘市營巴士，白山站下車再步行 5 分鐘。
HP｜https://kp2y-yd.wixsite.com/gh-dokusyonomori

📍就像兒童文學的世界裡會出現，一座被綠色藤蔓包圍的木屋。

14

在森林的包圍中沉思

Guest house & 茶房 読書の森

（Guest house & coffee 讀書之森）

OLD 📚☕🍴🚩

BOOKS ── 文學、藝術、哲學等
SHOP NAME ── 希望在美麗的土地上，打造一個珍視文字的時空。
OPEN DAYS ── 1993 年 11 月

「読書の森」位在小諸市郊區的御牧原大地平靜的自然環境裡。在這間附有咖啡廳的木造建築裡，放著許多有關文學及大自然的書籍，造訪者可以從中選出自己喜歡的書，帶著它們一起去周遭藝術作品點綴的草原散步。這裡也會舉辦音樂會，所以也有許多來自海外的訪客。

熱愛宮澤賢治及俄國文學的書店主理人依田雄，自己本身也是藝術家，每天在這裡創作及思考。接觸藝術、演奏音樂、進行創作──在這個森林裡，時間的流動是緩慢及自由的。

A 只要看到畫著山的招牌及左右打開的書架,那就是「杣 Book」。B 勇於挑戰腦中所有想法的細川先生,目前正在研究的課題是「熱三明治的美味吃法」。C 所有的山頂都是「分店」,今後或許也會在長野以外的山上相遇? D 混在登山客當中,正往山頂搬書的細川先生。

15

神出鬼沒?山頂的二手書店

杣 Books

OLD

BOOKS —— 跟當時攀登的山相關的書,每次的選書都不一樣

SHOP NAME —— 「杣」在日文裡是用來植樹伐林的山,以此代表與山有關的職業。

OPEN DAYS —— 2013 年 4 月

經 營移動式書店「杣 Book」的細川岳,主業是伐木。不過他背上背著的不是登山包,而是可以左右打開的書架,就這樣特地在山頂經營起書店。那個模樣乍看之下非常令人不可思議,但是書的原料本來就是木頭,所以跟搬運木材沒兩樣。況且,山頂不屬於任何人,既然想要在山頂開書店,那就哪裡都可以開店。「說起來輕鬆,做起來卻很要命」,細川笑著說,只有他才能想出這麼顛覆常識的想法。

他會配合當時攀登的山挑選相關書籍,所以每次的選書都不一樣,每次相遇都是珍貴的一期一會。

（山 Books 標誌）

地址 ｜ —
電話 ｜ —
營業 ｜ 不定期
公休 ｜ 不定期
HP ｜ http://soma-books.co
FB ｜ www.facebook.com/gaku.somabooks/

※ 請在 FB 確認開店地點。

A 書店的主要區域，擺放著文藝、藝術及人文類的書籍。**B** 入口處最醒目的陳列架，放的不是暢銷書排行榜，而是與出版文化相關的小冊子及地方雜誌等，令人意外的是放在這麼主要的位置。**C** 對戲劇及電影有詳細研究的古田先生設置的文化書區。**D** 在小說及文藝書之間，放著文學研究及禮儀、圖錄等讓想要見識廣闊世界的讀者盡情享受的有趣書籍。

一定要來看看知名店長設計的書櫃陳列

ちくさ正文館書店 本店

（千種正文館書店　本店）

BOOKS	綜合類型
SHOP NAME	源自本家「正文館」，創業者的弟弟創立分號，在千種市開店。
OPEN DAYS	1954 年 3 月

地址｜愛知縣名古屋市千種區內山 3-28-1
電話｜052-741-1137
營業｜10:00 ～ 21:00
　　　週日、假日／～ 20:00
公休｜無休
車站｜在 JR 中央本線千種站地上出口或地下鐵東山線千種站 4 號出口步行 3 分鐘。
HP｜https://chikusashobunkan.jimdo.com

📍 大大的「本」字招牌十分引人注目，指標是藍色的屋頂。

「ちくさ正文館書店」的知名店長古田一晴，只要人在店裡，就會不停地整理書櫃及換書。他會隨時透過經濟新聞等媒體觀察社會情勢及文化走向，再以此為方向變換書籍陳設。專業的工作態度在愛書人當中擁有極高的評價，甚至有「說到名古屋就會想到千種正文館書店，說到千種正文館書店就會想到古田先生」的說法。許多人會特地從外縣市到此，就是為了看他的書籍陳設。

「雖然維護起來很麻煩，但是絕對不能失去新鮮感。」古田先生淡淡然地這麼說。如果有機會，一定要來看書本專家親手陳列的書架。

Ａ 壓倒性的藏書量，會激起古書愛好者的「尋寶欲望」。Ｂ 店內堆放著《STUDIO VOICE》、《Olive》及《花椿》等珍貴的過期雜誌。Ｃ 堆到天花板的書櫃，天花板上貼著寺山修司所主導的劇團「天井棧敷」的海報。Ｄ 童書繪本區大多是外文書，古老但可愛的封面設計讓人忍不住想購買。

地址 ｜ 愛知縣名古屋市千種區今池 5 丁目 14-3
電話 ｜ 052-753-3677
營業 ｜ 11:00 ～ 19:00、週六、日／～ 18:00
公休 ｜ 週二、三
車站 ｜ 在名古屋市營地下鐵櫻通線今池站下車，再步行 6 分鐘。
HP ｜ http://www.shimauma-books.com

17

從白到黑，應有盡有

シマウマ書房

（斑馬書房）

BOOKS	綜合類型（漫畫類及商業類書較少）
SHOP NAME	因為店裡販賣二手書店業界行話中的白書（新書書店也能入手的二手書）及黑書（絕版的古書）而得名。
OPEN DAYS	2006 年 3 月（2019 年 4 月搬家）

「シマウマ書房」店內各處都塞滿了二手書，擁擠的空間會讓人不禁煩惱該從何找起。無論是想要尋找珍稀古書的專家，或是第一次接觸二手書的新人，只是欣賞都能在當中獲得不少樂趣，是這裡選書的特色。

書店主理人鈴木創為了找出地方二手書店的方向，出版了介紹愛知、岐阜、三重等 50 間二手書店的《名古屋二手書店指南》。「如何在不斷變化的時代及顧客喜好當中持續找到書店的應對方式，是很重要的一件事」，從這段話當中，可以看到書店主理人鈴木對二手書那種沉穩中又帶著強烈熱情的想法。

A 所有新書及二手書都依類型分類整理，還可以和旁邊的展示空間產生連結，找到參展作家的相關出版品。**B** 難以見到的海外 ZINE 小誌及個人出版品。自家的出版品牌「ELVIS PRESS」所發行的刊物也充滿個性。**C** 裝幀精緻的老書，看起來就像藝術品。

地址	愛知縣名古屋市千種區東山通 5-19 カメダビル 2A&2B
電話	052-789-0855
營業	12:00 ～ 20:00
公休	週二
車站	在地下鐵東山線中山公園站下車，再從 2 號出口步行 1 分鐘。
HP	http://onreading.jp

📍乍看之下像是普通公寓的玄關，裡面附設書店及藝廊。

18

獲得超過知識的東西

ON READING

NEW OLD

BOOKS	國內外的藝術書、ZINE 小誌等
SHOP NAME	源自匈牙利攝影師安德烈·柯特茲（André Kertész）的攝影集《ON READING》。
OPEN DAYS	2011 年 1 月

書店自製的 T 恤及托特包，有許多搭配展覽推出的限定商品。

「ON READING」所在的東山地區有許多大學，給人的印象是學生們聚集的文教區。書店的經營理念是「獻給想要感受、思考的人們」，所以店裡除了新書及二手書，還引進不少一般書店不會放置的小出版社的書籍及個人出版的 ZINE 小誌小冊。書店主理人黑田義隆說，「希望這裡能成為人們踏入未知新世界及新思考的契機」。

開店當時，曾經與附近書店共同積極舉辦書展等活動。今後，這裡也將繼續支持名古屋的閱讀文化。

A 最令人吃驚的是書籍良好的狀態。每一本都經過細心的整理，看得出店家的用心。**B** 越往裡面進去，架上的選書就越受到愛書人的喜愛，很多書都與岐阜當地有關。**C** 簡單易懂、分配合理的書架陳設，即使是初次到訪的人也很快就能熟悉。每年會在店外的空間舉辦 4 次的「百元書展」，十分受到歡迎。

19

永遠可靠的存在

古書と古本 徒然舍

（古書與二手書 徒然舍）

NEW OLD 〔一部〕 〔年4回〕

BOOKS	— 綜合類型
SHOP NAME	想成為大家閒著無聊就想來逛逛的書店。
OPEN DAYS	2009 年 3 月

地址 ｜ 岐阜縣岐阜市美殿町 40 矢澤大樓 1F
電話 ｜ 058-214-7243
營業 ｜ 11:00 ～ 19:00
公休 ｜ 週二、三
車站 ｜ 在 JR 岐阜站搭乘岐阜巴士、柳巴士，柳瀨站下車再步行 2 分鐘。
HP ｜ http://tsurezuresha.net

📍 外觀鋪著藍色磁磚、有著大大的玻璃窗，十分具有特色。

長時間穿著也不會導致肩膀僵硬的自製圍裙，可以在店裡購買。

從柳瀨商店街步行兩分鐘，就會來到與柳瀨熱鬧氣息形成對比的美殿町，「徒然舍」就位在這個並排著許多家具店及傳統和服屋的靜謐巷道裡。

書店主理人深谷由布說，「我想要開一間不熟悉二手書店的人也能輕鬆進來的店」。就如同她的心願，從老人到小孩，都喜歡這間紮根於巷弄間的書店。

二手書的買賣由丈夫藤田真人負責，每一本書都經過精心地整理修繕，細緻的書架陳設讓人看了就心情愉悅。這是一間支撐岐阜縣古書文化、值得信賴的二手書店。

A 這裡放著攝影師兼書店主理人若木先生的作品及著作。 B 若木先生的父親所設計的托特包，全部都是手工描繪，只有一個。 C 店裡也能找到日本不太常見的海外攝影集。

裝飾在收銀台後面的巨大照片，是若木先生的祖父所拍攝的作品。

不分名氣大小，這裡放著書店主理人若木先生所挑選的國內外攝影集。翻開每一本的話，好像身入其境。

地址 ｜ 靜岡縣濱松市中區田町 229-13
　　　KAGIYA 大樓 201
電話 ｜ 053-488-4160
營業 ｜ 13:00 ～ 19:00
公休 ｜ 週二～四
車站 ｜ 在 JR 東海道本線濱松站下車，再從
　　　北口步行 10 分鐘。
HP ｜ http://booksandprints.net
📍 指標是紅色書本的招牌。

20

愉快地欣賞全世界的「印刷品」

BOOKS AND PRINTS

NEW OLD

（月1回）

BOOKS	攝影集、藝術書
SHOP NAME	因為是販賣書本及印刷品的店。
OPEN DAYS	2010 年 4 月

在創作者專門店＆工作室「KAGIYA 大樓」的 2 樓，當地濱松出身的攝影師若木信吾所經營的一間書店。

為了追隨這位不斷往來國內外的大師，他的許多粉絲會在週末特地從外縣市來訪。4 樓還有畫廊，每個月會舉辦一次對談講座。

店裡有一個空間，可以讓人一邊喝咖啡一邊悠閒地欣賞攝影集。店長新村亮說，「希望客人接觸到攝影之後，會更加喜歡待在這裡的時光」。這個心願，讓這間書店逐漸成為濱松的文化核心據點。

🅰位在美好的老街區，規模小而美的書店。因為面積不大，才能在每本書上花費更多心力。店頭擺放著附近商店老闆所選擇推薦的書，還有常客親手製作的手工POP。書籍依「歷史」或「哲學、生活方式」等領域分類，從文庫、新書到漫畫，所有書籍不分形式地交錯擺放，看起來十分賞心悅目。🅱與山梨當地相關的書籍。以《富士山》為首，架上放著許多鄉土作家的新舊作品。

地址 ｜ 山梨縣甲府市中央 1-4-4
電話 ｜ 055- 233- 2334
營業 ｜ 9:00 ～ 20:00
公休 ｜ 週日
車站 ｜ 在 JR 中央本線甲府站下車，再從南口步行
　　　10 分鐘。
HP ｜ http://harulight.com

📍藍色招牌及黃色的內部陳設，指標是外面的香菸窗口。

21

積極參與城鎮活動的老字號書店

春光堂書店

BOOKS	— 綜合類型
SHOP NAME	— 來自「讓春日町（＝現在的中央 1 丁目）成為知識之光」的概念。
OPEN DAYS	— 1918 年

在甲府站前附近，有一條歷史悠久的商店街「甲府銀座通」，裡面有一間支持甲府城鎮文化發展的「春光堂書店」。

自大正時代創業以來，這間書店已經持續了 100 年的歷史。第 4 代書店主理人宮川大輔致力於跟上現今的時代，重新整理書店的陳設，將重心放在「建立書與人的連結」。

「春光堂書店」也會為店外所舉辦的讀書會、酒窖咖啡廳及牙科醫院進行選書。老字號書店勇於跨出安全區，積極地建立新的社群，成為當地人們的心靈支柱。

每個月一次的讀書會，已經持續了 10 年。
每年還會有一次直接辦在商店街裡。

「INTRO 玉川」就位在以「金澤的廚房」聞名的近江町市場與金澤站的正中間,將屋齡125年的町屋重新改建,是一間整棟包租的 Guest house。

1樓是附有中島廚房的飯廳,2樓則是附有圖書區的起居室及寢室。

INTRO 玉川就位在以「金澤的廚房」

INTRO 玉川 Guest house 的時候,我們就打算用書本的空間取代電視」。透過書本療癒疲憊的心,然後思考下個旅行的目的地——這個讓心靈放鬆的地方,會讓旅行變得更加充實。

經營者奧隆生與圭奈子夫妻異口同聲地說,「建造

22

在旅途中來本放鬆心情的書

INTRO 玉川

BOOKS	旅行記事、繪本、生活風格或和金澤相關的書
SHOP NAME	希望這裡成為旅行起始之地(intro 有「起始」之意,「玉川」是地名)。
OPEN DAYS	2017 年 4 月

地址 ｜ 石川縣金澤市玉川町 12-17
電話 ｜ 076-255-3736
營業 ｜ Check in ／ 16:00 ～ 20:00
　　　　Check out ／～ 11:00
公休 ｜ 無休
車站 ｜ 在 JR北陸本線金澤站下車,再從東口步行9分鐘
H P ｜ http://www.intro-tamagawa.com
📍 指標是印著旗子 logo 的日式暖簾。

🅐 位在 2 樓的圖書區及起居室,當中約 300 本的書是由金澤的二手書店「オヨヨ書林」(參照 P.110)進行選書。排列著旅行散文、料理、金澤傳統文化相關的書籍。🅑 屋內還備有繪本及玩具,即使帶著孩子一起來住也沒問題。一天只接待一組客人。🅒 寢室的牆壁上掛著金澤市地圖,很多住客會留下拜訪之後的感想,自然地與其他住客交流旅行資訊。

Category 04 : Chubu

Ⓐ 大廳及餐廳，每到早上就會擠滿了參加活動的人。Ⓑ 擺著《透過露營教養孩子》、《獵人食堂》等與戶外活動相關的書。Ⓒ 早餐可以享用到長野縣特產蔬菜製成的大黃醬。

地址 ｜ 長野縣上水內郡信濃町野尻
379-2

電話 ｜ 026-258-2978

營業 ｜ Check in ／ 15:00 ～ 22:00
Check out ／～ 10:00

公休 ｜ 不定期

車站 ｜ 從上信越車道「信濃町 IC 開車 8 分鐘抵達。北信濃線黑姬站有免費接送巴士。

H P ｜ https://lamp-guesthouse.com

📍 指標是印著「LAMP」Logo 的綠色招牌。

23
━━━━━━━━━━

一手拿著書，體驗大自然

ゲストハウス LAMP

(Guest house LAMP)

BOOKS	自然、飲食、攝影集及小說等
SHOP NAME	希望成為「像溫暖燈光般吸引人們的地方」。
OPEN DAYS	2014 年 5 月

以日本納瑪象化石著名的野尻湖湖畔，有一間在此開設的「ゲストハウス LAMP」，許多人會特地從外縣市過來參加這裡主辦的泛舟或是徒步健行相關活動，投宿在這裡。

工作人員佐野珠子說，「許多人來這裡，不只可以遇到許多不相識的人，也會遇見意想不到的書，這種偶然非常令人期待。」

店內的選書由長野市的書店「ch. books」負責，除了與大自然及戶外活動相關的書，也備有不少小說及攝影集。造訪這裡的人，可以一邊享受獲取新知的樂趣，一邊盡情投入大自然。

中部人都知道

當地的大型書店

從北陸到東北地區，範圍非常廣泛的中部地區。
存在著每個地域都不可或缺，當地居民專用的書店。

富山縣 文苑堂書房

1955 年於高岡市創業，除了書店之外，也推出雜貨店及玩具店。福田本店附設的「Well Well Doughnut」，提供「幻想書本世界的甜甜圈」這種特殊餐點。夏日祭典等季節性活動也很多，十分受到當地老少居民的喜歡。

地址 ｜ 高岡市福田 43（福田本店）
HP ｜ http://www.bunendo.com

新潟縣 萬松堂

創業於江戶末期的老店。從 1 樓的新書及料理書開始到 3 樓的漫畫區，擁有廣大的賣場面積。之後成立出版部，於 2018 年 3 月出版知知育繪本系列。順帶一提，以創業當時的屋號「島屋六平」，將出版社取名為「六平圖書」。

地址 ｜ 新潟市中央區古町通 6 番町 958（本店）
HP ｜ http://banshodo.net

長野縣 平安堂

縣內共有 15 間店鋪。長野店主要販賣歷史相關書籍及週邊產品，他們的「歷史 Crossover 及藝術」非常受到歷史迷的喜愛。

地址 ｜ 長野市南千 1-1-1 長野東急百貨店 別館シェルシェ 2・3F（長野店）
HP ｜ http://www.heiando.co.jp

福井縣 勝木書店

以福井為據點，在北陸及關東地區開展分店。主要是銷售新書，同時也販賣鄉土書籍及文具。本店位在連接車站的商店街一角，便利性十分受到好評。

地址 ｜ 福井市中央 1-4-18（福井站前本店）
HP ｜ http://www.katsuki-books.jp

富山縣 明文堂書店

以富山為中心，在石川、埼玉共有 21 間店鋪。以「感動」為經營理念販賣書籍，同時推出各種活動及咖啡等複合式服務。

地址 ｜ 富山市經堂 123-4（富山新庄經堂店）
HP ｜ http://www.meibundo-books.co.jp

愛知縣 らくだ書店
（駱駝書店）

抱著「將讀者帶入文化綠洲」的心願，所以使用駱駝代表該店。本店還附設販賣兒童玩具的家庭教育館，以及可以休息的麵包咖啡廳。

地址 I 名古屋市千種區青柳町 5-18 （本店）
HP I http://www.rakuda.ne.jp

愛知縣 星野書店

以名古屋市區為根據地的老字號書店。位在車站附近的近鐵 Pass'e 店，經常舉辦偶像雜誌書展及簽名會等相關活動。

地址 I 名古屋市中村區名站 1-2-2 近鐵 Pass'e 8F （近鐵 Pass'e 店）
HP I http://bookshoshino.wp.xdomain.jp

愛知縣 精文館書店

從豐橋市開始，整個關東地區都有分店。以「偶遇新發現」、「發現感動」及「培育夢想與希望」為主旨，打造超過千坪、讓親子 3 代都能同享的豐富商品賣場。

地址 I 豐橋市廣小路 1-6 （豐橋本店）
HP I http://seibunkan-job.net

山梨縣 朗月堂書店

1902 年創立於甲府市的老店。正在讀書的貓頭鷹 logo，設計非常可愛。店裡共有 20 萬本書，並有包括漫畫館在內的 3 大館。

地址 I 甲府市貢川本町 13-6
HP I http://www.rogetsudo.co.jp

靜岡縣 谷島屋

前身是 1868 年在濱松市開業的書肆「博文舍」。本店有 600 坪面積，擁有 45 萬本各類型的書籍。早於 1926 年便存在、印有俳人相生垣瓜人的特製書衣，廣受好評，現在仍然使用中。

地址 I 濱松市中區砂山町 6-1 MAY ONE 8F （濱松本店）
HP I http://www.yajimaya.co.jp

靜岡縣 戶田書店

以靜岡市為據點，全國共有 30 間店鋪。本店位在 JR 靜岡站直通的辦公大樓內，地點十分優越。同一棟大樓的 3 樓是靜岡市美術館，是個同時可以藝術欣賞及閱讀的好地點。

地址 I 靜岡市葵區紺屋町 17-1 葵之塔 2F・1F・BF （靜岡本店）
HP I http://todabooks.co.jp

Category

05

中國

四國

Chugoku

Shikoku

由散落在瀨戶內海的700多個大小島嶼交織而成的群島之美──中國、四國地區以其沿岸所培育出來的特殊文化及景觀做為資源，呈現出別具風格的發展。

舉例來說，自2010年起每3年舉辦一次的現代藝術展《瀨戶內國際藝術祭》，就是以瀨戶內海各島為舞台展開藝術活動的成功範例，同時也增加了年輕世代的移居客及經濟效應，不僅帶來了大量的觀光客及經濟返鄉者。書店業界也趁著這個風潮，相繼開設了「へちま文庫（絲瓜文庫）」（P.157）、

「本屋ルヌガンガ（書店Lunuganga）」（P.156）等年輕世代的獨立書店。

另一方面，「瀨戶內島波海道」的開通，也為廣島縣尾道市帶來眾多自行車愛好者及觀光客，早早地展開地區的活性化，吸引許多年輕人移居來此建立新的社群。結果催生出「紙片」（P.138）及「古本屋 弐拾dB（二手書店 弐拾dB）」（P.140）等由年輕移住者將空屋重建或改裝的獨特書店，成為許多愛書人的朝聖之地。

廣島的隔壁，也是世界最古老的公立學校「閑谷學校」的誕生地岡山，由於十分注重縣民的文學素養，因此非常積極地推廣以書為起點的活動。例如以書店「451BOOKS」（P.148）為主力的「瀨戶內巡迴書展」計劃，就會定期舉辦各種書展，吸引全國的愛書人來到岡山。此外，還有許多因「地利之便」或書店主理人個性而引人注目的當地書店，比如屬於完全預約制的香川縣高松市的「なタ書（NATA書）」（P.154）、可以暢遊自然科學世界的岡

CHUGOKU SHIKOKU

11

09,10

05

06

07

08

01,02,21

22

20

19

03,04

23

•12

16　15

13,14

17

18

執筆

ISONAGA AKIKO

定居於日本廣島縣，擁有10年網頁設計經驗，於2014年成為自由撰稿人。主要撰寫網路及雜誌採訪報導，還有中國、四國地區為主的觀光記事等，並與插畫家共同合作，發行個人出版品等小誌及刊物。喜歡二手書，已經收集超過10年。因為本書的撰寫，更加深了對書本的痴迷。

無論契機或手段是什麼，這些書店全都具有讓人特地一訪的魅力，或許你也能找到自己心目中最喜歡的那家店。

山縣倉敷市的「蟲文庫」（P.146）、在無人深山裡經營獨一無二的書店咖啡廳的山口縣的「ロバの本屋（驢子的書店）」（P.152）。

前面是巨大的書櫃，裡面是寬廣的店內空間。架上放著繪本及詩集，整體氣氛讓人感到悠閒又平靜。

位在小巷深處的書本及音樂的世界

紙片

BOOKS	綜合類型，詩集及繪本佔多數
SHOP NAME	即使只是紙片，對某些人來說也是重要的東西，希望這間書店能成為那樣的存在。
OPEN DAYS	2015 年 10 月 15 日

地址 ｜ 廣島縣尾道市土堂 2-4-9 鰻魚寢床庭院深處

電話 ｜ —

營業 ｜ 11:00 ～ 19:00

公休 ｜ 週四

車站 ｜ 在 JR 山陽本線尾道站下車，再從南口步行 15 分鐘。

H P ｜ http://shihen.theshop.jp/

📍 很有特色的外觀，簾子的後面是另一個世界。

從繁榮的港口城鎮尾道的商店街往前走大約 40 公尺，會看到一條細長的巷道。這條通稱「打盹小路」的巷道深處，佇立著一間提供書與音樂的店「紙片」，是書店主理人寺岡圭介從「尾道空屋重生計劃」中租借房舍，再親手改建而成的書店。

「我從以前就很喜歡書及音樂」，所以每次出門一定都會隨身帶著書，還會從廣播裡尋找自己喜歡的音樂，再購入 CD。因為他「想讓自己喜歡的事變成工作」，便開設了這間販賣書及音樂的店。

書架上除了書本，還展示著由 19 位音樂家以店名為主題所編的音樂集《紙片》等 CD，以及與書店相關的作家們的作品。

這個流淌著靜謐的音樂、讓心靈像經過洗滌般清爽的空間——每當來到這裡，應該都能為身體及心靈帶來最棒的療癒之旅。

A一進到店內，就會看到書店主理人寺岡先生在門口迎接。**B**入口旁裝飾著一把很有存在感的大提琴。**C**收銀台旁邊裝飾著插畫家杉本早苗以「紙片」為主題的作品。

D從尾道商店街「あくびカフェー（呵欠咖啡廳）」旁邊的小路走進去，裡面是 guest house「あなごのねどこ（鰻魚寢床）」（參照 P.165），再往庭院深處走過去就是「紙片」。**E**書店主理人所挑選的情境音樂CD，有興趣的話可以試聽。**F**木雕作家神崎由梨在開店當時所創作的作品，「對『紙片』來説是無可替代的寶物及守護神」書店主理人寺岡先生説。

店裡隱約聽到的聲音是落語表演，在不可思議的氣氛圍繞中，坐在沙發裡讀著書，會讓人舒服的完全不想離開。

地址 ｜ 廣島縣尾道市久保 2-3-3
電話 ｜ 080-3875-0384
營業 ｜ 平日／ 23:00 ～ 3:00
　　　六日／ 11:00 ～ 19:00
公休 ｜ 週四
車站 ｜ 在 JR 山陽本線尾道站下車，再
　　　從南口步行 20 分鐘。
HP ｜ ─

📍 指標是亮著燈的招牌，下面是顯示書
店主理人狀況的獨特時鐘。

02

半夜 11 點才營業的二手書店

古本屋 弍拾 db

（二手書店 弍拾 db）

NEW OLD

BOOKS	文學、工具書、時代小説、漫畫等
SHOP NAME	隱含著書店主人「想側耳傾聽聽書本的聲音 並試著去了解」的心意。
OPEN DAYS	2016 年 4 月 20 日

「古本屋 弍拾 db」的營業時間竟然是深夜 11 點到凌晨 3 點，因為書店主理人藤井基二白天在「あなごのねどこ（鰻魚寢床）」（P.165）工作的關係。

這間由老醫院改建的建築物，還留著當時的痕跡，潛藏著不可思議的氣氛藤井先生說，「我希望在街上所有店鋪都關門的深夜裡，這裡能成為所有無處可去者的『夜晚避難所』」。

書架上放著太宰治及夏目漱石等經典文學作品，還有近年的話題作品及漫畫等，書籍種類非常多樣化。愛好驚喜的藤井先生，還會在各區的書架偷偷放入完全不同類型的書。

聽到這裡，我試著打開抽屜，結果看到了意想不到的書。如果你也不小心中了藤井先生帶來的驚喜，或許也會遇到意想不到的書。

A 書店主理人藤井是個說話非常有趣的人，一定要記得跟他打聲招呼。B 為了紀念開店 2 週年所製作的「水溫集」，放到水上就會浮出文字，是個不可思議的作品。C 抽屜裡果然藏著令人意想不到的雜誌，展現滿滿的童心。

D《山岳名著全集》上面放著《女性的心理》等類型完全相反的書。E 書店主理人推薦的 1970 年代的料理書，具有現今書籍很難看到的配色，反而給人一種新鮮感。
F 店裡的特製書衣印著藥袋的圖案，與醫院使用的藥袋設計一模一樣。

Ⓐ 時髦的店內空間，完全感受不到這是一棟屋齡超過 60 年的老舊大樓。Ⓑ 從作家那裡直接進貨的各種器皿。Ⓒ 書店主理人清政先生在開書店前就很喜歡的藝術書，藏書非常豐富。

地址 ┃ 廣島縣廣島市中區本川町 2-6-10 和田大樓 203
電話 ┃ 082-961-4545
營業 ┃ 11:00 ～ 19:00
公休 ┃ 週二
車站 ┃ 從廣島電鐵本川町電站步行 1 分鐘。
HP ┃ http://readan-deat.com
📍 位在路面電車經過的「和田大樓」2F。

03

當地的「文化發信地」

READAN DEAT

NEW OLD

BOOKS ── ZINE 小誌、獨立出版品、飲食及生活風格類書、藝術書、攝影集、文化誌等

SHOP NAME ── 結合「READ」「AND」「EAT」幾個單字而成（想表達這裡不只有書）。

OPEN DAYS ── 2014 年 6 月 18 日

自費出版的小冊子、ZINE 小誌及獨立出版品的種類十分多樣。文藝雜誌、攝影集及文化雜誌的數量也不少，每個種類的選書都是高品質。

裡打造成更有趣的地方」。

滿足一般來說書店的需求，我想把這

廣島成立新書店，「街上的書店可以

311 大地震之後，清政先生決定在故鄉

「REPRO 廣島店」撤店、以及東日本

劃的活動。在歷經原本的文化發信地

信地」，所以每個月都會舉辦自行企

由於希望書店能「持續成為情報發

書店主理人清政光博說。

費期限，能感受到製作者心意的東西」

樓的 2 樓。書架上陳列的是「沒有消

「READAN DEAT」就位在這棟老舊大

 外可以看到原爆圓頂館，偶爾還能聽到路面電車經過的聲音──

Ⓐ年輕店員親手製作的搞笑 POP。Ⓑ讓東洋鯉魚隊迷垂涎三尺的珍藏書。Ⓒ今田先生説，「學生時代很喜歡高橋和巳及吉本隆明的書，讀了非常多他們的作品。」

地址｜金座街店／廣島縣廣島市中區本通 1-7
　　　紙屋町店／廣島縣廣島市中區紙屋町 1-5-1

電話｜金座街店／082-247-3118
　　　紙屋町店／082-247-8333

營業｜10:00 ～ 20:00

公休｜無休

車站｜金座街店／在廣島電鐵八丁崛電站下車，再從 2
　　　號出口步行 1 分鐘。
　　　紙屋町店／在廣島電鐵立町電站下車，再從 1 號
　　　出口步行 1 分鐘。

HP｜http://www.academysyoten.jp

金座街店　　　　　　　　紙屋町店

04

深愛歷史鄉土

アカデミイ書店

（學術書店）

OLD

BOOKS	人文書、專門書、鄉土史及原爆文獻等
SHOP NAME	上一代書店主理人的大學教授好友希望這間店能成為「充滿學術感的二手書店」，故而以此命名。
OPEN DAYS	金座街店／1947 年 2 月 紙屋町店／1996 年 10 月 （1940 年開店時為租書店）

在廣島市中心的商店街開設的「アカデミイ書店」，是一間創業於 1940 年的老字號書店，店內的書籍種類以人文書、專門書及鄉土歷史為主。出自「想以廣島二手書店的身份傳遞和平」的信念，店裡也擺放了許多關於廣島原爆的書。東日本 311 大地震之後，許多客人「為了研究核災問題」，特地從福島過來買書。

而分店的紙屋町店，則有四分之一的面積被廣島東洋鯉魚隊的相關書籍及週邊產品佔據。書店主理人今田裕相説，「畢竟是廣島的球隊，我們是與地方有緊密連結的書店」。店裡的書籍及商品，全都充滿著對故鄉的情感。

擁有全日本種類最齊全的廣島鄉土史藏書。

Ａ 印度的 Tara Books 所出版的繪本，像藝術一樣漂亮。 Ｂ 由壁櫥所改造的書架上，放著大人小孩都喜歡的繪本。 Ｃ 可以讓人慢慢選書，非常舒適的店內空間。

05

人生需要緩慢的時光

スロウな本屋

（慢慢書店）

（月數回）

BOOKS	繪本及生活風格類書籍
SHOP NAME	取自「希望能慢慢享受人生」的想法。
OPEN DAYS	2015 年 4 月 3 日

地址 ｜ 岡山縣岡山市北區南方 2-9-7
電話 ｜ 086-207-2182
營業 ｜ 11:00 ～ 19:00
公休 ｜ 週二、第 2 個週一
車站 ｜ 在 JR 各線岡山站下車，再從後樂園（東口）轉搭岡電巴士，南方交番前站下車步行 1 分鐘。
HP ｜ http://slowbooks.jp
📍 距岡山站有點遠的住宅區裡的木造長屋。

在岡山市南方一條安靜小巷裡的「スロウな本屋」。進到店裡，會看到明亮清爽的榻榻米和室，上面整齊地放著許多書。

書店主理人小倉美雪說，「一間必須要拖鞋才能進來的書店……當初我提出這個想法的時候，遭到所有家人的反對，但是因為可以放鬆，所以非常受到帶著嬰兒的家庭客人喜愛。」由壁櫥所改造的書架上放著整排的繪本，相連的和室書架上則放著扎實的生活書。

「閱讀可以讓人找到新發現，並成為啟動人生的契機。如果大家可以在這裡找到這樣的一本書，那就太好了。」

手工招牌上面的圖案，是由參加過以小學生為對象的「本月的副店長」這個企劃活動的小朋友所畫。

地址 ｜ 岡山縣岡山市北區西之町 14-17 Prepared 大樓 1F
電話 ｜ 086-897-2415
營業 ｜ 10:00 ～ 18:00
公休 ｜ 週三、週日、假日
車站 ｜ 在 JR 宇野港線（みなと線）大元站下車，再從西口步行 10 分鐘。
HP ｜ http://brisees.com
位於白色大樓的 1 樓，外面沒有招牌，指標是大大的白色門簾。

06

連結書本與人的休息場所

Brisées

NEW OLD
（一般）　（年2～3回）

BOOKS	建築、藝術、設計相關類書籍，還有攝影集等
SHOP NAME	源自法國作家、民族學家米歇爾‧萊里斯（Michel Leiris）的著作《獸徑》（Brisées）。
OPEN DAYS	2003 年 11 月 1 日

「Brisées」開在距離岡山市街大約 1 站的住宅街區裡，店內放著舒適的沙發和桌子，直達天花板的白色書櫃，整齊地放著建築、藝術及設計類的書，還有各種攝影集。完全不像二手書店的時髦內裝，是書店主理人福井一朗所親手設計，現在仍然繼續改裝中。

「在大阪的時候，那裡有許多聚集人群的咖啡廳及藝廊，給人的感覺非常舒服，光是待在那裡就讓人覺得開心。我希望自己的書店也能成為那樣的地方。」透過書本打造新的休憩據點——全新型態的街頭書店，在這個地方應運而生。

書櫃裡放著資料價值很高的建築、美術、歷史及哲學等古書。

氣氛安靜的結帳區，上面堆著不少準備放到店裡的二手書。書店主理人田中小姐總是在這裡寫著自己的書，或是用顯微鏡觀察苔蘚。

地址 ｜ 岡山縣倉敷市本町 11-20

電話 ｜ 086-425-8693

營業 ｜ 12:00 ～ 18:00

公休 ｜ 不定期

車站 ｜ 在 JR 各線倉敷站下車，再從南口步行 20 分鐘。

HP ｜ http://mushi-bunko-diary.seesaa.net/

📍 位於阿智神社旁，距離美觀地區的倉敷常春藤廣場（アイビースクエア）步行約 3 分鐘。

07

自然隨性的氛圍是最大特色

蟲文庫

NEW OLD

BOOKS	—	自然科學、純文學、社會學等
SHOP NAME	—	喜歡「蟲」這個字的造型而命名。
OPEN DAYS	—	1994 年 2 月 7 日

倉敷川沿岸是倉敷美觀地區當中觀光客最多的地方，從這裡稍微往外面走，就會看到「蟲文庫」。

書店主理人田中美穗說，「完全沒想到這裡後來會變得這麼熱鬧」。大約二十幾年前，她在自己的故鄉開了這間二手書店，雖然對於日漸增加的觀光客感到有些困惑，但也「多了不少新的際遇」，態度十分隨緣。

田中小姐坐著的結帳區，上面放著基本上不應該出現在書店的顯微鏡。她從以前就很喜歡動植物，所以現在也會用來觀察苔蘚或植物。店裡的書大多是自然科學類，當中還有她所寫的《與苔蘚一起漫步》。「在開二手書店之前，我就很喜歡苔蘚了，只是沒想到自己竟然能夠出書。」

從年輕時的 20 幾歲開始創業，她就一直專注在自己喜歡的事物上。「幸好我一直堅持把書店開下去」，自在舒服的店內氛圍，完全反映了本人自然純粹的性格。

店內算不上寬敞，但是逛
起來卻毫無阻礙，完全感
覺不到居然有這麼多書。
尺寸剛好的書櫃，是書店
主理人田中小姐自己手工
製作的。

A 書籍種類雖然不少，但是最多的還是自然
科學及純文學，另外也有電影及藝術類的書。
仔細尋找的話，似乎就能找到自己喜歡的書。
B 結帳區前面的櫥窗裡，裝飾著珍貴的貝殼
及石頭標本。**C** 架上放著許多與蝴蝶、蟬、
蜻蜓、甲蟲及鈴蟲等昆蟲有關的書。 **D** 店裡
也放著田中小姐的著作《與苔蘚一起漫步》，
聽說觀察苔蘚是她從高中時代開始就有的興
趣。**E** 還有圖鑑巨著 《日本的野生植物》及
《圖說 世界昆蟲》。**F** 店內隨意擺放的古董
及蝴蝶標本，跟二手書極為相配，營造出蟲
文庫特有的氛圍。

A 井伏鱒二翻譯的《杜立德醫生》系列，是很稀有的珍品。B 書店主理人根木先生花費最多心力的個人出版品。C 可做為書店象徵的螺旋梯，每段階梯都擺著繪本。

店裡當然也有店名來源，雷·布萊伯利的《華氏451度》。

地址 ｜ 岡山縣玉野市八濱町見石 1607-5
電話 ｜ 0863-51-2920
營業 ｜ 12:00 ～ 18:00（假日會營業）
公休 ｜ 週二～五
車站 ｜ 在 JR 岡山站搭乘兩備巴士，見石站下車再步行 1 分鐘。
HP ｜ http://www.451books.com

📍 面對兒島湖，有個像體育館般圓弧形屋頂的建築物。

在令人興奮的空間裡與繪本相遇

451BOOKS

NEW OLD

BOOKS —— 外文書、繪本、ZINE 小誌及獨立出版品
SHOP NAME —— 源自美國作家雷·布萊伯利（Ray Bradbury）的著作《華氏 451 度》。
OPEN DAYS —— 2015 年 12 月 3 日

在面對兒島湖的住宅街上，有一棟特別引人注目的建築物，那是身為一級建築士的書店主理人根木慶太郎所設計的「451BOOKS」。一打開門，就會看到上下打通的寬廣空間，還有一座很有存在感的螺旋梯。順著梯子往上走，可以欣賞樓梯上的繪本及牆上的藝術作品，讓人心曠神怡。

店內書籍主要是外文書、繪本、個人出版的小冊子及 ZINE 小誌和獨立出版品等。為了成為「與書相遇的場所」，這裡也會舉辦「給大人的繪本講座」等許多活動。同時也可以跟非常了解書的書店主理人聊天，度過充實有趣的時光。

「定有堂書店」位在距鳥取市最熱鬧的站之前，有段距離的商店街，之所以選擇這個地點，理由是「想在一級區與三級區的交界悠開地開一間『永不改變』的書店」書店主人奈良敏行說。為了珍惜「過時」事物的愛書人，店裡放了許多古書及過期的舊雜誌。

鳥取市最熱鬧的站在這個全日本人口最少的鳥取縣，「不追求與更多的人相遇，而是期盼與需要書的人相遇」。這個信念自 1980 年創業以來，一刻都沒有改變過。

09

「一直都沒有改變」才是真正的魅力

定有堂書店

NEW OLD 　　　　〔月1回〕

BOOKS ── 人文書、藝術書、過期雜誌、戶外活動的特價書等

SHOP NAME ── 源自書店創設前所製作的小冊子的名稱「定有」。

OPEN DAYS ── 1980 年 10 月 10 日

地址 ｜ 鳥取縣鳥取市元町 121 定有堂大樓 1F
電話 ｜ 0857-27-6035
營業 ｜ 10:00 ～ 19:30，週日、假日／ 12:00 ～ 18:00
公休 ｜ 不定期
車站 ｜ 在 JR 山陽本線鳥取站下車，再從北口步行 10 分鐘。
HP ｜ http://teiyu.na.coocan.jp

從 JR 鳥取站往鳥取縣政府方向的大馬路上。

Ａ 日本各地的書店店員為了觀摩店內的空間及書櫃陳設而到訪。Ｂ 定有堂的知名宣傳語：「小小一本書的衝擊」。或許某天會突然遇見「改變自己的書」─書店主理人奈良先生將這種「衝擊」的夢想寄託在店內的陳設上。Ｃ 店內免費發送以「書的群落生境」為主題的小冊子《音信不通》（月刊），有許多人遠從東京、九州、美國投稿過來，之前出版的舊刊被收藏在鳥取縣立圖書館裡。

Ⓐ 掛在結帳區的「邯鄲堂」招牌，是常客贈送的禮物。 Ⓑ 這裡有許多讓孩子著迷的繪本。 Ⓒ 用舊木頭做的書架，在半空中縱橫交錯。

地址 ｜ 鳥取縣鳥取市吉方町 2-311
電話 ｜ 080-2940-2127
營業 ｜ 11:00~19:00
公休 ｜ 不定期
車站 ｜ 在 JR 山陽本線鳥取站下車，再從北口步行
　　　 21 分鐘。或在 JR 鳥取站搭乘日之丸巴士，
　　　 立川 2 丁目站下車再步行 1 分鐘。
HP ｜ http://kantando.blog.fc2.com/

📍 縣道 291 號沿線的古民宅，屋簷下掛的電燈泡如果點亮就代表營業中。

手工書架上整齊地排列著大約 3 千本書。

10

不會太時尚的放鬆感

邯鄲堂

NEW OLD
一流

BOOKS ─── 綜合類型

SHOP NAME ─── 源自中國民間故事《邯鄲之夢》（黃梁記）。

OPEN DAYS ─── 2012 年 10 月 1 日

「邯鄲堂」所在的古民宅，之前是彈珠汽水工廠的舊址，書店主理人前田環奈是鳥取民藝美術館的前研究員。她對書籍類型沒有偏好，只想打造出「漸層般的書櫃陳設」，但是堅持「不放暢銷書或到處都有的書」。

除了書籍以外，店裡也販賣古董傢俱。她還自學金繼（修補破損器皿的工藝）的技巧，所以也承接金繼修補的業務。

店內只播放「NHK 廣播第 1 頻率」，理由是「希望客人能在平時常去的平凡定食屋的氣氛中選書」。真是一間想法絕妙、不隨波逐流的二手書店。

150

鳥

取縣境港市，知名因為「想在故鄉建造一個的「水木茂路」上擠聚集人群的地方」，他經滿了攜家帶眷的家庭觀光營了這間超過 10 年的書客。走進旁邊安靜的巷道店。最近，他對度過時間裡，會看到一棟很有特色的方式有了一些想法，「社的 L 型大樓，建築師阿部群媒體的出現讓每個人都義弘就是迷上這棟大樓的變忙碌了，所以更需要一造型，才在這裡開了書店個能悠閒讀書的地方」，「一月と六月」。1 樓販賣這成了書店新的目標。書籍、雜貨及衣服，2 樓則是咖啡廳及藝廊。

11

想要製造「閱讀的時間」

一月と六月

（一月與六月）

NEW OLD
（月 1～2 回）

BOOKS —— 旅行、飲食、繪本

SHOP NAME —— 書店主理人夫婦的誕生月。

OPEN DAYS —— 2008 年 11 月 1 日

地址 ┃ 鳥取縣境港市日之出町 48 番地

電話 ┃ 0859-44-1630

營業 ┃ 11:00 ～ 18:00

公休 ┃ 週一、二

車站 ┃ 從 JR 境線境港站步行 10 分鐘

HP ┃ http://ichigatsutorokugatsu.com

📍 指標是門口寫著「古本」的大招牌。

A 1 月出生的義弘先生與六月出生的月美小姐夫婦，兩人共同經營這間書店。B 以白色為基調的明亮店內，放著品味良好的選書。C 飲食及生活類的書十分齊全。D 讓店長阿部先生重新思考書店方向的攝影集《閱讀時間》。E 藍白交雜的 L 型建築非常可愛，左邊是雜貨區。

A 「每一格都是不同的書種」，架上放著精挑細選的好書。**B** 從吧檯座位的窗戶可以看到悠閒的山區風光。**C** 店裡也販賣文具店「月光莊」的筆記本及 BIC 的簽字筆。**D** 非常親人的店狗 Victor，每天翹首盼望客人到來的模樣非常可愛。

地址 ｜ 山口縣長門市俵山 6994
電話 ｜ 0837-29-0377
營業 ｜ 11:00 ～ 17:00（假日會營業）
公休 ｜ 週三～五
車站 ｜ 在 JR 長門市站搭乘 Sanden 交通巴士（サンデン交通バス），俵山溫泉站下車再步行 35 分鐘。或中國自動車道小月 IC 開車約 50 分鐘
HP ｜ http://www.roba-books.com
📍 位於縣道 38 號沿線的木造平房，冬天煙囱會冒出燒柴的煙，因此十分醒目。

12

位在遠離人煙、深山裡的「書之綠洲」

ロバの本屋

（驢子書店）

NEW OLD

BOOKS	建築、美術、自然科學、旅行、飲食、繪本及獨立出版品等
SHOP NAME	沒有太深刻的理由，只是喜歡「Roba」的發音。
OPEN DAYS	2012 年 11 月

從中國自動車道小月 IC 開車約 50 分鐘，就會抵達茂盛綠意盡收眼底、位在山區深處的「ロバの本屋」。

「當時就是碰巧看到了這間古民宅」，因為這個理由，書店主理人豬俣聖子舉家搬遷到跟自己毫無關係的山口縣長門市。原本在東京經營小型咖啡廳的書店主理人，第一眼就看上了住家旁邊的牛棚，雖然破損得有點嚴重，最後還是幾乎獨自修復成功，並且花了 1 年半改建成書店。

公車只到達約 3 公里外的俵山溫泉，此外只能開車，但是在口耳相傳之下，仍有許多客人特地從外縣市到此造訪。

悠閒地選完書之後，再走到咖啡廳品嚐一口咖啡，耳邊是鳥兒婉轉的叫聲——對於想要遠離喧囂、埋首書本的愛書人來說，簡直就是心靈的綠洲。

E 咖啡廳的菜單會隨著季節改變，這裡的飲料、點心、自製麵包及例湯套餐很受歡迎。F 窗邊隨意放置的可愛驢子擺設。G 位在咖啡廳一角的休息場所，到了冬天會點燃木材暖爐。H 書店主理人在學生時期曾經學過建築，便活用過去的知識，一個人改建了這間牛棚。

在香川縣高松市的菊池寬通旁邊的巷子裡，有一棟昭和懷舊風的古老建築，2 樓就是完全預約制的二手書店「なタ書」。

在這個完全沒有隔間的四房空間裡，塞滿了二手書及香川發行的新書等等。書架陳設看起來雖然混亂，但是仔細觀察過後，就會發現這裡其實經過精心設計。

書店主理人藤井佳之於 29 歲時從東京回到故鄉香川，因為發現「附近沒有二手書店」，便開了這間店。設定預約制的原因，是覺得「客人會感到有趣」。結果一如預期，現在一整天都會有預約進來，有的客人甚至還會待到深夜。

許多客人很喜歡書店主理人藤井小姐待客的絕妙距離感，他們透過書本彼此交流，一不小心就待了很長的時間。或許，這才是真正令人流連忘返的最大原因。

A 洗手間之所以位在如此奇怪的位置，是因為這裡原本是一間宿舍。 B 這個被書包圍的區域是書店主理人藤井小姐的特等席。 C 店裡有許多可以隨意坐下來的椅子。

13

完全預約制，度過一段奢侈的時間

なタ書

（NATA 書）

NEW OLD

BOOKS	綜合類型
SHOP aNAME	源自前女友的暱稱。
OPEN DAYS	2006 年 12 月

地址｜香川縣高松市瓦町 2-9-7 2F

電話｜070-5013-7020 / 090-4789-9773

營業｜完全預約制

公休｜不定期

車站｜在琴電琴平線瓦町站下車，再從西口步行 4 分鐘。

HP｜https://yousakana.jp/natasho

📍位於白色大樓的 1 樓，位在大井戶神社對面。

Category 05 : Chugoku / Shikoku

書架及木桌上陳列著與書相關的雜貨及 CD，店內到處是讓人想伸手觸摸的有趣商品。吊掛在天花板的「空中書架」是舞台藝術家 Kamiike Takuya 的創意，可以直接從下面看到書。

Ａ除了話題書及暢銷書，還會擺放經過書店主理人慧眼挑選出來的好書。Ｂ店內可以喝飲料，還能買到以書為靈感製作的德島梅酒。Ｃ店內經常會舉辦讀書會及對談會。Ｄ用顧客書評製作的 POP。

14

誕生於高松的新銳新書書店

本屋ルヌガンガ

（書店 Lunuganga）

「就像埋下種子、培育草木一般，想要付出時間讓世界變得更豐富」一書的 LOGO 蘊含著書店主理人夫婦內心的願望。

BOOKS ── 文藝或人文書、生活風格、繪本、藝術等

SHOP aNAME ── 源自斯里蘭卡建築師花費 50 年所建的庭園宅邸之名，希望書店也能在歲月中茁壯成長。

OPEN DAYS ── 2017 年 8 月 17 日

地址｜香川縣高松市龜井町 11 番地之 13 中村第二大樓 1F
電話｜087-837-4646
營業｜10:00 ～ 19:00
公休｜週二
車站｜在琴電琴平線瓦町站下車，再從西口步行 4 分鐘。
HP｜https://www.lunuganga-books.com

📍從瓦町站往西走「菊池寬通」，彎進小岔路之後，就在左手邊。

在閱讀風氣日漸深厚的高松市，一間新書書店「本屋ルヌガンガ」開張了。店裡所有的書都是書店主理人親自跟出版社及中小型經銷商交涉訂貨，因此擁有地方書店少見的 6 千多本新書。

書店內部階梯狀的地方，是放映電影及舉辦活動的區域。陳列在牆上的書，每上一階內容就艱澀一點，就這樣慢慢將造訪的人帶入哲學思考領域的「知識深淵」。

店裡也陳列著客人親手製作的書介 POP，這種自在的交流方式讓人感覺十分舒服，不禁讓人覺得「擁有這間書店的城鎮真是幸福」。

Ａ刻著絲瓜圖案的懸吊式木製招牌。Ｂ盆栽類書與真正的盆栽放在一起。Ｃ懷舊風的外觀及時髦的內裝，當中的落差很有味道，是由當地的傢俱職人、服裝店經營者及建築家 3 人共同經營。

地址 ┃ 香川縣高松市出作町 158-1
電話 ┃ 080-4035-3657
營業 ┃ 12:00 ～ 18:00
公休 ┃ 週二
車站 ┃ 在琴電琴平線佛生山站下車再步行 11 分鐘。
ＨＰ ┃ https://hetimabunko.wixsite.com/hetima
📍從佛生山溫泉往東走，轉進左邊的小路就會看到木造平房。

留白的空間讓人心曠神怡

へちま文庫

（絲瓜文庫）

OLD 📚👛☕🍴

BOOKS	─ 歷史書、美術書、音樂相關的書籍等
SHOP NAME	─ 喜歡它的語感。
OPEN DAYS	─ 2014 年 11 月 29 日

店內的椅子是書店主理人之一傢俱職人的作品。

如果從「へまち（hemachi）」這個有點可愛的發音去想像書店的模樣，實際看到之後一定會大吃一驚。

「へちま文庫」座落在香川縣高松市佛生山溫泉旁，書店建築是 50 年前建造的木匠工坊，牆壁及天花板各處都還遺留著當時的風格。經過改建的店內，裝飾著高品味的桌椅及燈光，呈現出成熟時髦的氛圍。

店裡的選書主要以藝術及歷史書等書店主理人的喜好為主，為了讓顧客能仔細欣賞每本書的封面，特地在書與書之間留下充足的空間。留有餘裕的空間設計，讓人置身其中便心曠神怡。

書店主人實現了自己「想在店裡設置木梯把書堆到天花板」的夢想。「很多人都會去爬著這把木梯喔」，他説。

地址 ｜ 香川縣高松市太田上町 1036
電話 ｜ 080-3927-4136
營業 ｜ 18:00 ～ 22:00
公休 ｜ 六、日、假日（不定期公休）
車站 ｜ 從琴電琴平線太田站步行 10 分鐘。
HP ｜ https://bookcafesolow.jimdo.com

📍 書店門口的白綠撞色建築，是宮脇太太開的繪畫教室。

歡迎來到「知識的秘密基地」

book studio solow

NEW OLD

BOOKS	攝影集、雜誌（部分新刊）、反文化系（counter-culture）等
SHOP NAME	源自《湖濱散記》作者亨利・梭羅。
OPEN DAYS	2012 年 11 月 23 日

沿著縣道 171 號線，會看到一間彷彿從繪本世界蹦出來的雙色建築……可惜不是這裡，再往裡面的倉庫改造空間才是二手書店「book studio solow」。書店主理人的選書品味，讓這裡成了滿載反文化情感、又刺激冒險心的「舊書基地」。

這間書店的經營者，是被瀨戶內的大自然及文化迷住的攝影家宮脇慎太郎。在東京的攝影工作室待了一陣子之後，他又回到故鄉香川縣高松市，在「Village Vanguard」（書籍雜貨店）裡當店員。後來因為「想擁有自己的店」，便獨立出來開了這間書店。「很多人只有在書店裡才能相遇，我甚至還遇過在沙發上補眠的巡禮者（笑）。這種自由的空間讓人感覺很有趣。」

與書店主理人的對話、燒柴暖爐及直達天花板的木梯、不定期公休的深夜營業──「book studio solow」的氛圍是吸引人不斷到訪的最大功臣。

Ｄ櫃檯上堆放著很多書。Ｅ書店門口放著可愛的木製招牌。Ｆ專家所選出的攝影集必看。

完全不像一般二手書店的清爽氛圍，是這間書店的特色。書店剛在 2018 年春天重新改裝，裡面充滿書本及杉木的香味。

17

今天店裡也有好書喔

古書猛牛堂

OLD

BOOKS	—	歷史書、學術書、大眾戲劇、人文書及基本圖書等
SHOP NAME	—	源自愛媛當地出生的前棒球選手千葉茂的暱稱。
OPEN DAYS	—	2013 年 10 月吉日（2018 年改裝）

地址 ｜ 愛媛縣松山市岩崎町 2-6-34
電話 ｜ 089-948-8137
營業 ｜ 10:00 ～ 18:00
公休 ｜ 週一（假日會營業）
車站 ｜ 在伊予鐵路城南線道後公園站
　　　下車再步行 3 分鐘。
HP ｜ －

從縣內首屈一指的觀光區「道後公園」旁邊的小路走進去大約 3 分鐘，書店就位在右手邊。

漫步在道後公園旁的住宅街區，就會遇到被書所包圍的建築「古書猛牛堂」。

熱愛落語及大眾戲劇的書店主理人田房哲夫，堅持「引進有風骨的書」，所以在選書上絕不妥協。但是，他同時也很注意不在書的種類上做太多限制，因而吸引了男女老少、甚至是帶著孩子的家庭到此一訪。

店卡上寫著「為尋求好書，老牛古書店今日也在朦朧醉眼中抓著爛書捶胸頓足」，即使過了 60 歲，還是能從書架中感受到鮮活的感性與知性。

A 櫃檯前放著書店主理人最推薦的落語書，像是昭和時期的落語名人三遊亭圓生的全集。
B 也有繪本及生活風格類書籍，在書的選擇上鬆弛有道。

Ⓐ 時髦的全玻璃外觀，改變人們對二手書店的印象。Ⓑ 只喜歡藝術的書店主理人，才能選出這麼多在裝幀上很有味道的好書。Ⓒ 隔壁的人氣咖啡店提供自家烘焙的絕品咖啡，另外還有知名的定食屋，商店街本身就很有魅力。

地址 Ｉ 愛媛縣松山市柳井町 1-13-16-101
電話 Ｉ 070-5515-7447
營業 Ｉ 12:00 ～ 21:00（冬季會提早至 20:00）
公休 Ｉ 不定期
車站 Ｉ 在伊予鐵路橫河原線石手川公園站下車，
　　　再步行 7 分鐘。
HP Ｉ http://ukigumoshoten.blogspot.com
📍 從中之川通轉入柳井町商店街，位在第一個轉角。

18

永無止盡的探究心

浮雲書店

OLD 📖 👜 ▶ （年 2～3 回）

BOOKS — 自然科學、文學、美術、歷史書等
SHOP NAME — 想取一個感覺輕飄飄的名字，和另一個選
　　　　　　項「浮草」二選一，最後選了浮雲。
OPEN DAYS — 2014 年 5 月吉日

橫越過愛媛松山繁華區的大馬路，就是當地著名的商店街。時髦的「浮雲書店」便位在這條商店街一角，夾雜著白檀的香味，拓展出古書店特有的「超越時空的知識世界」。

書店主理人武井裕章因為愛上了古書「累積時光的份量感」，成了不折不扣的古書迷。店內除了搜羅藝術、自然科學等原本就有興趣的主題之外，偶爾也會受到顧客影響喜歡上別種類型的書籍。因此，店裡的椅子及櫃檯上總是堆滿了書。

如同店名「浮雲」所要傳達的感覺，店裡各個角落都能看到書店主理人永無止境的探究心及好奇心。

被書本包圍的櫃台，在當中工作的是書店主理人武井先生。

「書肆海風堂」的內部空間。藝廊區正在展示「二十四之瞳」第一代女主角高峰秀子的相關物品，旁邊還有書籍區及咖啡廳區。

地址 ｜ 香川縣小豆郡小豆島町田浦 二十四之瞳電影村
電話 ｜ 0879-82-2455
營業 ｜ 9:00 ～ 17:00（11 月／ 8:30 ～ 17:00）
公休 ｜ 無休
車站 ｜ 在坂手港搭乘小豆島橄欖巴士（オリーブバス），
　　　二十四之瞳電影村站下車即可抵達。
HP ｜ http://24hitomi.or.jp/bookcafe
※ 需要購買「二十四之瞳電影村」入場券

📍 位於「二十四之瞳電影村」內，仿造醬油倉庫的木造建築 2 樓。1 樓是電影院「松竹座」。

19

在瀨戶內島度過的絕佳時光

書肆海風堂

Category 05 : Chugoku, Shikoku

NEW 👜 ✒ ☕

BOOKS	電影、旅行、瀨戶內相關書籍為主
SHOP NAME	電影村所在的田浦半島是海風凜冽之地，店名出自「海風及海潮味的意象」。
OPEN DAYS	2016 年 4 月 21 日

在小豆群島當中海風算是特別強烈的田浦半島，沿岸有一個名為「二十四之瞳電影村」的人氣觀光景點。

在這個廣大的腹地裡，座落著許多曾出現在電影場景中的昭和懷舊風格的建築，很多觀光客會來這裡購物或散步。

「書肆海風堂」就位在電影村中離海岸最近的地方。從木造建築的書店外觀來看，很難想像店內空間竟如此時髦。除了「二十四之瞳」的相關書籍之外，店內也擺滿了以小豆島為舞台的電影或戲劇相關的書籍及 DVD，還有探討瀨戶內地區的生活及文化相關的書。

咖啡廳區裡有坐起來很舒適的沙發座位，以及可以俯瞰瀨戶內海的吧台座位共 12 席，店裡販賣的書可以在這裡試讀。耳邊聽著美妙的爵士樂或 Bossa Nova，一邊喝著飲料，沉迷於閱讀之中——只有這裡才能度過如此奢侈的小島時光。

店裡最受歡迎的吧台座位。窗外可以欣賞電影村及美麗的瀨戶內海。真希望可以在這裡邊喝著美味的飲料，邊享受閱讀的時光。

A 透過超音波揚聲器播放的爵士樂或 Bossa Nova，讓心情不知不覺就平靜下來。 **B** 舒適度絕佳的咖啡區真皮沙發，可以在這裡盡情試讀喜歡的書。 **C** 從電影村其它店鋪拔擢為「書肆海風堂」店長的濱本千繪美，同時負責書店及咖啡廳的業務。 **D** 身兼女演員及作家身份的高峰秀子，店裡也有很多她的書。

A 店長中田小姐手裡拿著的是漂泊俳人尾崎放哉的書，這裡距離他臨終的西光寺很近。**B** 探討工作方式的《不想工作，只想吃飽喝足》、《工作文脈》等書也很受歡迎。

C 店內陳列著手工的紙藝作品「橄欖不倒翁」等小豆島的特色商品。**D** 一整面牆的書架，看來書的數量還是會持續增加。

20

在小島的旅途中，找到心動的一本書

迷路のまちの本屋さん

（迷路小鎮的書店）

NEW 📚 👛 🖊 ☕ 🍴 🚩

BOOKS	小豆島相關書籍、藝術書、文藝書、散文、繪本等
SHOP NAME	因為位在被稱為「迷路のまち（迷路小鎮）」的城鎮。
OPEN DAYS	2012 年

拜 訪小豆島人氣景點「天使路」的旅客，經常會順路造訪咖啡廳「405CAFE」，而「迷路のまちの本屋さん」就位在咖啡廳的 2 樓。

從最開始只有咖啡廳的一個書櫃，到逐漸吸引眾多人氣，最終在 2018 年擴展到整個 2 樓空間。店裡放著許多有關小豆島的雜貨及書籍，還有不少關於工作及生活方式的指南。

店長中田幸乃說，她在陳列書架時會「幻想每位訪客的人生」。來到這裡，或許你也能在旅途中找到一本成為人生契機的好書。

地址 ｜ 香川縣小豆郡土庄町甲 413-2
電話 ｜ 0879-62-0221
營業 ｜ 10:00 ～ 17:00
公休 ｜ 週三（假日會營業）
車站 ｜ 從土庄港搭乘小豆島橄欖巴士（オリーブバス），在土庄本町站下車再步行 2 分鐘。
HP ｜ https://meirobooks.tumblr.com

📍 從「天使路」（エンジェルロード）步行 7 分鐘，可以看到由傳統和服店倉庫改建的「妖怪美術館」。

A 男女分開的宿舍區，放著手工雙層床。B 1樓的公共空間，可以在緣廊區一邊曬太陽一邊讀著喜歡的書。C 2樓公共空間的圖書室，裡面還放著在空屋裡找到的珍貴舊書。

21

在書櫃包圍下入睡是最幸福的事

あなごのねどこ

（鰻魚寢床）

BOOKS	綜合類型（漫畫較多）
SHOP NAME	狹長型的町家很像鰻魚的巢穴，鰻魚又是尾道的特產，因而得名。
OPEN DAYS	2012年10月

地址 ｜ 廣島縣尾道市土堂 2-4-9
電話 ｜ 0848-38-1005
營業 ｜ Check in ／ 16:00 ～ 21:00
　　　Check out ／～ 11:00
公休 ｜ 咖啡廳／週四，Guest house／無休
車站 ｜ 在 JR 山陽本線尾道站下車，再從南口步行
　　　15 分鐘。
HP ｜ http://anago.onomichisaisei.com

📍 從「あくびカフェ（呵欠咖啡廳）」旁邊的小路走進去，位在裡側深處。

床邊的書架放著書店主理人津留先生推薦的漫畫及小説。

位

在被山海包圍的愜意小鎮尾道裡的人氣 Guest house「あなごのねどこ」。這棟據說總共花了10個月改建的建築物，2樓設有一個圖書室，裡面放著非常多的漫畫及小説。不只如此，為了讓旅客能夠邊休息邊享受讀書的樂趣，住宿區的手工雙層床周邊還特地嵌入了書櫃。書店主理人兼漫畫家津留謙太郎說，「我還想增加更多書」。

白天在緣廊邊，夜晚在床鋪上，即使睡眼朦朧也捨不得放下手裡的書。一起來這裡享受這種奢侈的時光，如何？

香川縣的直島做為藝術之島，總是有世界各地的觀光客到此造訪，山岸正明就在這裡經營起「在古民宅裡搭帳篷」這個奇特的民宿事業。

在世上必需的書」──也就是書店主理人山岸先生本人的人生寫照。

店裡的庭園經常會舉辦以書或帳篷為主題的活動，並且聚集了來自島內外的訪客。「我想要打造一個不論男女老少或國籍都願意來此聚集的廣場」，如今，他開業當時的夢想仍不斷地

無論是趁著孩子出生移居到直島，或是獨自改建這棟屋齡 120 年的古民宅，山岸先生所依靠的都只有「書」。所以，書架上陳列的全是「他覺得自己活在實現當中。

22

Category 05：Chugoku／Shikoku

在日本家屋裡享受愉快的帳篷及閱讀時光

島小屋

BOOKS	飲食、生活、建築、藝術、瀨戶內相關書籍
SHOP NAME	來自「位在小島上的山間小屋」的意象。
OPEN DAYS	2013 年 8 月

地址 ｜ 香川縣香川郡直島町本村 882-1
電話 ｜ 090-4107-8821
營業 ｜ Check in ／ 16:00 ～ 19:00
Check out ／ 8:00 ～ 10:00
公休 ｜ 週一、不定期
車站 ｜ 在宮之浦港搭乘町營巴士，農脇前或役場前站下車再步行 2 分鐘。
HP ｜ http://shimacoya.com

📍 從公車道往觀光景點「石橋」方向走，走進小路就能看到一間古民宅。

Ⓐ 山岸先生除了經營「島小屋」，也同時推廣移居計畫。
Ⓑ 書店咖啡廳旁邊是帳篷住宿區。Ⓒ 十分搭配咖啡廳隨性風格的活動式附輪子書櫃，是作家朋友親手製作的禮物。
Ⓓ 書裡也放著創建「島小屋」時所參考的各種書籍。

Ⓐ這間擁有迴游式庭園的美麗旅館，就佇立在可以眺望宮島的經小屋山山腳。Ⓑ位在中央大廳的圖書區陽台。Ⓒ住客可以一邊享用飲料，一邊沉浸在愉快的閱讀時光。Ⓓ設在別屋「游僊」裡的閱讀空間，可以 270 度欣賞庭園的景緻。

地址	廣島縣廿日市宮濱溫泉 3-5-27
電話	0829-55-0601
營業	Check in ／ 15:20 ～
	Check out ／～ 10:20
公休	無休
車站	JR 山陽本線大野浦站北口有免費接送巴士。
HP	https://www.sekitei.to

23

一邊眺望美麗庭園一邊享受閱讀的樂趣

庭園の宿 石亭

（庭園之宿 石亭）

BOOKS	綜合類型
SHOP NAME	上一代主理人所取，理由不明。
OPEN DAYS	1966 年 2 月 2 日

為了讓住客能欣賞庭園裡盛開的花朵，所有客房裡的書櫃都會放置這本印有花朵照片及相關散文的《花卉種種》。

的旅客到此一訪的魅力。

種剛剛好的舒適感，才是吸引眾多可以獲得平靜放鬆的心情」就是這而是在他們隨手拿起書本閱讀時，不是為了讓客人學習及獲得資訊，旅館內之所以放置這麼多書，「並

出具有玩心的設計。利用了房間角落及狹小空間，打造的書櫃—說是書房也不誇張，充分全都設置著主理人上野純一所設計房主屋、7 間別屋及 2 座亭子裡，日本名庭院 100 選。圍繞著庭園的 3

「庭」園の宿石亭」就位在世界遺產宮島的對岸，庭園甚至入選為

中國·四國人都知道

當地的大型書店

中間隔著瀨戶內海的中國及四國地區,有很多深耕當地的書店。
去尾道或松山等人氣觀光景點旅遊時,一定要去看看。

廣島縣 フタバ図書
(雙葉圖書)

以廣島縣為中心,除了販售書籍、CD、DVD、遊戲軟體等商品之外,還設有電子遊樂場、網咖等設施,是功能多元的複合式大型連鎖書店。MEGA中筋店擁有地方上數一數二的書籍量,還可以租借CD、電影、漫畫等等,同時附設二手商店。

地址 I 廣島市安佐南區中筋4-11-7(MEGA中筋店)
HP I http://www.futababooks.com

廣島縣 啓文社

1931年於尾道市創業,現在以廣島縣東部為中心展開12間店鋪。BOOKS PLUS綠町裡有當地備受肯定的補習班「若葉塾綠町教室」,上課時間外可以自由閱讀店裡的書。店內也會舉辦各種活動,透過書本擴展孩子們對知識的好奇心。

地址 I 福山市綠町1-30綠町購物中心(みどり町モール)內
(BOOKS PLUS綠町)
HP I http://www.keibunsha.net

鳥取縣 今井書店

在山陰地區共有25間店鋪,從專門書籍到漫畫等種類及數量都十分齊全,還附設雜貨賣場及咖啡廳,經營理念是「擁有書本的豐富生活」。「書的學校 今井Book Center」的指標是可愛的三角時鐘塔,成為街上的代表性建築。

地址 I 米子市新開2-3-10(書的學校 今井Book Center)
HP I https://www.imaiboo

岡山縣 万歩書店
(萬步書店)

縣內共有5間店鋪的大型二手書店,店名來自「沉迷於尋書,不小心就走了一萬步」的廣大面積,店內從專門書籍到輕小說共有50萬本以上的藏書,從江戶時代的古書到最近剛發行的新書,種類豐富齊全,因此無論老少、甚至是外縣市都有他們的忠實顧客。

地址 I 岡山市北區久米415-1(本店)
HP I https://www.a-walker.co.jp

德島縣 平惣

1739 年，第一代老闆平野惣吉開設了紙店。後來變成文具店，再轉型成書店，目前以阿南市為據點展開業務。2012 年重新改建的阿南中心店，以擁有齊全的繪本及漫畫自居。

地址 ｜ 阿南市領家町室之內 401 番之 1（阿南中心店）
ＨＰ ｜ http://hirasoh.syoten-web.com

愛媛縣 明屋書店

1939 年以租書店創業，現已發展成全國計有 80 間店鋪的書店，曾被選為「地區最有活力企業排行榜」第 1 名，整體充滿滿滿的活力。歷史悠久的本店位在松山市中心的商店街，因此十分便利。

地址 ｜ 松山市湊町 4-7-2（松山本店）
ＨＰ ｜ http://www.haruya.co.jp

香川縣 宮脇書店

創業於 1877 年的老店，在全日本擁有多家連鎖店，本店位在高松市中心的商店街。本館・新館的 9 樓，從雜誌、漫畫到專門書籍的種類都很齊全，深受男女老少的喜愛。

地址 ｜ 高松市丸龜町 4-8（本店）
ＨＰ ｜ http://www.miyawakishoten. com

高知縣 金高堂書店

做為以書本為媒介的情報發信地，在縣內有 7 間店鋪。本店位在高知城等知名景點附近，地理位置絕佳。店內設置的「聚落活動中心」區域，販賣許多難以買到的當地食品或雜貨。可以説，他們特意打造了一個可以刺激客人對於知識的好奇心的空間。

地址 ｜ 高知市帶屋町 2-2 帶屋町 CENTRO 1 樓（本店）
ＨＰ ｜ http://www.kinkohdo.co.jp

德島縣 附家書店

本店松茂店於 1999 年創設，現於縣內已有 4 間店鋪的大型書店，目前也製作並販賣手帳及筆記本等原創文具。另外還開設 2 間書店咖啡廳「Birth Book Coffee」，可以一邊閱讀店員精選的好書，一邊度過悠閒的時光。

地址 ｜ 板野郡松茂町中喜來前原東 1 番越 8（松茂店）
ＨＰ ｜ http://www.tsukiya.jp

Category

06

九州
沖繩

Kyushu

Okinawa

自古以來，九州、沖繩就經常與歐洲及中國大陸有貿易往來，也因此在歷史中融入了多元的文化。能夠包容多元的民族性，在他國文化中加入自己的獨特性，再去蕪存菁──這個地區就在這樣的積累之下推進文化活動。

在這當中，擔任最核心角色的就是 2001 年在福岡開幕的「BOOKS KUBRICK」(P.172)。他們的代表董事大井實，與福岡的編輯及書店共同合作，組成一個負責推行書展活動的團體「BOOKUOKA」。「福岡沒有像東京神保町那樣可以被稱為『書街』的地方，但是一定有很多潛在的愛書人。

許多人都抱著「如果可以有這樣的書店就好了」的想法，努力將之付諸實行，進而催生出許多個人經營的獨立書店。如果從全國的發展來看，這裡的腳步似乎慢了一些，

但是每一間新誕生的書店都與其它區域的先驅書店有著很不一樣的獨特路線。

這裡的書店業界也是一樣。特別是近年來，

為了這些人，我們想創造一個可以讓人實際與書相遇並連結的場所」──這樣的想法，最後成了「BOOKUOKA」創立的契機。他們現在也正不斷透過書本，努力拓展福岡的文化發展。

同樣地，熊本也有許多抱著「想讓書成為文化」這種熱情的書店主理人。除了擁有 140 多年歷史的「長崎次郎書店」(P.178)，包括明明是大型書店卻堅持走獨立路線的「蔦屋書店熊本三年坂」(P.180)，還有連作家及編輯都

KYUSHU
OKINAWA

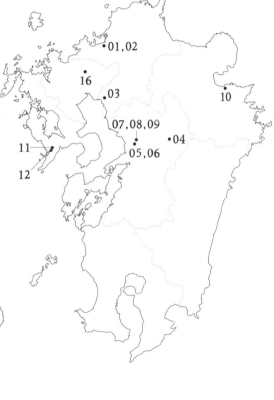

執筆
田端慶子 たばたけいこ

1980 年出生，居住在福岡市。作家兼導演、九州文化研究家。大學期間就開始撰寫文章，畢業後成為自由工作者，以九州為據點，進行文化、運動、美食、旅遊、文化人等的採訪報導，著有《偏愛九州》（德間書店）一書。目前經營支援女性創作者的「Team Creators」。

http://k-creators.com

另眼相看的「橙書店・orange」（P.177）等，都是充滿個性的特色書店。熊本市之所以會誕生這間原則上只限定九州的文藝出版社「伽鹿舍」，或許也是出自「為九州書店應援」的心意吧！

其它縣市也不可忽視。附設咖啡廳的大分「カモシカ書店（羚羊書店）」（P.183）及長崎的「ひとやすみ書店（休息片刻書店）」（P.184），都是透過書本提供全新的社群聚集所及心靈療癒的空間。擁有獨特文化的沖繩書店，無論是氛圍或是書店陳設都與眾不同。店裡關於沖繩的書都非常齊全，買上一本作為指南也一定很實用。

BOOKS KUBRICK

位在時尚的欅樹通區的 1 號店「欅樹通店」，客層年齡大約落在 20 到 50 多歲，因此書籍種類也比較成熟。

地址	欅樹通店／福岡縣福岡市中央區赤阪 2-1-12 ネオグランデ赤坂 1F 箱崎店／福岡縣福岡市東區箱崎 1-5-14 ベルニード箱崎 1F
電話	欅樹通店／ 092-711-1180 箱崎／ 092-645-0630
營業	欅樹通店／ 11:00 ～ 20:00 箱崎店／ 10:30 ～ 20:00 咖啡廳 11:00 ～ 18:00
公休	週一（假日會營業）
車站	欅樹通店／在福岡市營地下鐵空港線赤坂站下車，再從 2 號出口步行 9 分鐘。 箱崎店／在 JR 鹿兒島本線箱崎站下車，再從西口步行 2 分鐘。
HP	http://bookskubrick.jp

欅樹通店

箱崎店

01

領導九州書店業界的先驅

BOOKS KUBRICK

BOOKS	生活風格類書籍、文藝書、藝術書、建築類書及繪本等綜合類型
SHOP NAME	源自《2001 太空漫遊》編劇及導演史丹利·庫柏力克（Stanley Kubrick）。
OPEN DAYS	2001 年 4 月 22 日

2

001 年，一間以「只販賣嚴選好書的小型綜合書店」為概念的書店開幕了。店面不在代表福岡的繁華地帶天神區，而是位在大約 1 公里遠、兩旁是美麗林蔭道的「欅樹通」。雖然僅有 15 坪的面積，陳列的書籍卻很新很快，範圍也十分廣泛。

再加上附近有許多與媒體相關的企業，這間書店在選書上的品味及熱情很快就成為話題。之後名聲也傳入業界，於 5 年後促成了「BOOKUOKA」這個讓福岡成為書城的推廣活動。代表董事大井實，從那時起就一直擔任執行委員長。

2008 年，他們在福岡市東區箱崎開設了當時非常少見的附設咖啡廳和藝廊的 2 號店。「我們想將原本是個人嗜好的閱讀，轉為與他人連結的媒介」大井先生說，這些開拓書店可能性的先驅者，至今也一直沒有停下前進的腳步。

2號店的箱崎店1樓是書店，擁有約7千本的藏書，同時也販賣雜貨。由於附近是住宅區，因此店內裝潢也特別用心，例如確保店內通道的寬敞度，讓推著嬰兒車的父母也能進店參觀。

A 箱崎店2樓是咖啡廳，提供午間簡餐及自製麵包所做的「本日熱狗堡」等，菜單十分豐富。**B** 箱崎店1樓也有販賣美觀好用的書衣及生活雜貨。**C** 箱崎店自2016年起開始製造、販賣手工麵包，每天早上都會有大約20種現烤麵包出爐。**D** 櫸樹通店在當地顧客當中擁有很高的評價，因為「在這裡可以遇見意想不到的書」。

如同裝飾般美麗的書籍陳設，架上的書全都可以閱讀及購買。店裡也販賣一部分的二手書。

02

當地出版社建立的文化發信地

Read cafe

NEW OLD

BOOKS ── 以文藝、旅行指南為主
SHOP NAME ── 源自想開一間能讀書的咖啡廳的期待。
OPEN DAYS ── 2010 年 4 月 1 日

Category 06 : Kyushu / Okinawa

地址 ｜ 福岡縣福岡市中央區藥院 2-2-33 OAS 大樓 1F
電話 ｜ 092-713-8860
營業 ｜ 12:00 ～ 18:00
公休 ｜ 週二（不定期公休）
車站 ｜ 在福岡市營地下鐵七隈線藥院大通站下車，
　　　　再從 1 號出口步行 2 分鐘。
HP ｜ http://www.kankanbou.com

📍 位在數間餐飲店進駐的大樓 1 樓，指標是白色的招牌。

在《吃得太慢了 vol.1》中刊載的今村夏子《鴨子》，
被選為芥川賞的候補作品。

抱著「想創造一個更能接觸到書的場所」的想法，福岡出版社「書肆侃侃房」開設了這間書店咖啡廳。

店內約有 300 本藏書，全部巧妙地融入整體陳設，讓人感覺不到這麼多數量，再加上間接照明的設計，打造出沉穩又平靜的氣氛。傳遞出對於「有書的生活」的憧憬。

「書肆侃侃房」於 2016 年所發行的文學 MOOK《吃得太慢了》，當中一篇小說被選為芥川賞的候補作品。能夠輕鬆接觸到這家受到全國注目的出版社作品，應該也是這間咖啡廳的魅力吧！

Ⓐ出身柳川的北原白秋，當地書店的藏書自然非常齊全。Ⓑ柳川相關書籍的區域。Ⓒ架上陳列著嚴選出來的繪本及童書，保佑兒童健康成長的柳川傳統吊飾「SAGEMON」，為店裡增添了華麗的色彩。Ⓓ咖啡區約有 30 個座位，可以眺望庭園的窗邊是最好的位置。除了咖啡之外，蛋糕及馬卡龍也很受歡迎。

地址 ｜ 福岡縣柳川市鬼童町 8-2
電話 ｜ 0944-88-9211
營業 ｜ 11:00 ～ 18:00
公休 ｜ 週二（遇假日順延）
車站 ｜ 在西鐵天神大牟田線西鐵柳川站搭乘堀川巴士，
　　　 簡保之宿柳川站（かんぽの宿）下車再步行 4 分
　　　 鐘／搭乘西鐵巴士在御花前站下車再步行 4 分鐘。
H P ｜ http://sparrow-time.com

📍 位在江戶小路上，指標是下面的招牌。

03

享受悠久歷史的繪本咖啡廳

江戶小路 すずめの時間

（江戶小路 麻雀的時間）

BOOKS	繪本、童書、柳川わかり相關人物的書及雜誌
SHOP NAME	出自柳川出生的詩人北原白秋《麻雀的生活》。
OPEN DAYS	2011 年 9 月 9 日

「江」戶小路 すずめの時間」就位在從柳川藩主立花氏庭園「舊戶島邸」的江戶小路上，是一間由屋齡超過 80 年的古民宅改建、非常有味道的繪本咖啡廳。

到武家屋敷「舊戶島邸」的江戶小路通上，是一間由屋齡超過 80 年的古民宅改建、非常有味道的繪本咖啡廳。

除了可以購買繪本及童書，也提供只能在店內閱覽的書籍，像是北原白秋、檀一雄等與柳川有淵源的作家、名人的著作以及豐富的雜誌等等。只供閱覽的書大多是已經絕版的書，對於文學愛好者來說簡直就是不可多得的寶藏。

望著面前江戶時代就存在的庭園，喝著剛泡好的咖啡，這樣的時光是無可替代的。如果有時間的話，真的很想到此一訪。

雖然不靠近大馬路，但是外面放了許多指示方向的看板，因此很好找。

Ａ中尾小姐希望「ひなた文庫」能成為促進村落活性化的契機。 Ｂ「南阿蘇水之誕生里白水高原站」以日本最長站名而聞名。 Ｃ陳列在木造車站裡的店主嚴選二手書，店裡放置不少椅子，可以讓人坐下來閱讀。

地址 ｜ 熊本縣阿蘇郡南阿蘇村中松 1220-1
電話 ｜ —
營業 ｜ 週五、六／ 11:00 ～ 15:00
公休 ｜ 週一～四、週日
車站 ｜ 位於南阿蘇鐵道南阿蘇水之誕生里白水高原站內在 JR 肥後大津站搭乘產交巴士，川地後站下車再步行 3 分鐘。
HP ｜ http://www.hinatabunko.jp

熊本地震後電車暫停行駛，2024 年預定重新營運。

04

一週只在車站出現 2 天

ひなた文庫

（向陽文庫）

NEW OLD

BOOKS — 自然科學、小說、短篇集、建築相關書籍等
SHOP NAME — 一開始是在自家章魚燒店的向陽屋簷下賣書，故而得名。
OPEN DAYS — 2015 年 5 月 3 日

既是車站也是二手書店，在這個全日本都少見的環境裡，有一間「向陽文庫」。書店所在地是「南阿蘇水之誕生里白水高原站」，由跟著丈夫移居故鄉的中尾惠美負責營運。「村子裡既沒有書店、也沒有圖書館，如果能有更多機會挑選或接觸書本就好了」，因為這個想法，讓她展開了在村裡開書店的計畫。

由於想讓每個世代都能利用，店內的書種從小說、自然科學、兒童書到建築都有，範圍十分廣泛，開店時間只有每週的五、六兩天。以書本為媒介，讓這裡成了當地村民與觀光客互相交流的地方。

這裡也販賣熊本出版社伽鹿舍的新書。

001 年「orange」以雜貨屋和咖啡廳的形式開幕，7 年後附設「橙書店」。直到熊本地震之後，才轉移到現在的店面。

書架上放著書店主理人田尻小姐從各個領域精心挑選的一千五百多本書，店內約 15 席左右的座位，可以讓人悠閒地享用酒精飲料或餐點。不只是當地居民，更是所有來熊本的旅客必訪的秘密景點。

這間書店有許多作家及編輯的常客，也因此讓作家村上春樹對書店主理人田尻久子的愛貓產生了興趣，之後還親自來店主動舉辦了朗讀會。

05

愛書人日夜聚集的小小書店

橙書店. orange

BOOKS — 綜合類型
SHOP NAME — 延續自之前的咖啡廳「orange」。
OPEN DAYS — 2001 年（2016 年遷址）

A 田尻小姐本身也是編輯，所以選書時十分注重感性，店裡只販賣新書。**B** 餐點有咖哩雞及火腿起司三明治等，種類十分多樣。**C** 田尻小姐的著作《貓都用尾巴跟你說話》於 2018 年 5 月出版，主要內容是描述書店、書與貓與記憶的散文集。**D** 店內附設的展示空間，每個月會更換一次展覽內容。

地址 ｜ 熊本縣熊本市中央區練兵町 54 松田大樓 2F
電話 ｜ 096-355-1276
營業 ｜ 週一～六／ 11:30 ～ 20:00，週日／～ 17:00
　　　（咖啡廳 12:00 開始營業）
公休 ｜ 週二
車站 ｜ 從熊本市電辛島町電站步行 3 分鐘。
H P ｜ http://www.zakkacafe-orange.com
📍 1 樓是餐飲店，白色大樓的 2 樓才是書店。

「長崎次郎書店」是熊本城城下町新町的象徵地標。當路面電車（市電）從書店前面經過，那個場景總是會激起某種情感。如果到熊本觀光，一定要來這裡看一看。

地址｜熊本縣熊本市中央區新町 4-1-19

電話｜096-326-4410

營業｜10:30 ～ 19:00

公休｜藤崎宮秋季例大祭當日（9 月）

車站｜熊本市電新町電站步行 1 分鐘。

HP｜http://www.nagasakishoten.jp/shinmachi

06

創業 140 年，長期陪伴熊本縣民

長崎次郎書店

Category 06: Kyushu / Okinawa

NEW

BOOKS	— 綜合類型
SHOP NAME	— 源自創業者的名字。
OPEN DAYS	— 1874 年

抱著「想讓熊本縣內所有孩子都能拿到教科書」的信念，「長崎次郎書店」於明治 7 年創業。主要販賣教科書、專門書籍及政府刊物，長期在背後支撐熊本縣民的教育、經濟活動。文豪森鷗外曾在《小倉日記》中記述自己拜訪創業者長崎次郎的故事，除此之外，其它地方也有許多關於這間老店的軼事。

「長崎次郎書店」曾於 2013 年短暫休業，在改變業務型態及內裝之後，於第二年重新開幕。店內引進許多雜誌、文藝書及童書等與生活密切相關的書籍，在文藝鄉土書區，與熊本有淵源的作家及作者的作品也很完備。對當地居民來說，是生活中不可或缺的存在。

復古摩登風的店內設計，是由曾經參與丸之內赤煉瓦辦公街設計的建築師保岡勝也所負責。書店建築也被指定為國家登錄有形文化財，非常具有欣賞的價值。

D 因為寬敞舒適而深獲好評的繪本和童書區,滿足家庭客層的需要。 E 牆壁上還有來此舉辦活動的漫畫家所寫的留言。 F 氣氛復古沉穩的「長崎次郎喫茶店」(2 樓)也很受歡迎,公休日是星期三。

A 1F 陳列著話題書、雜誌、文藝書及文庫本等。B 店內也發行與科幻相關的免費刊物。C 一共有 3 層樓，當中也有鞋子、雜貨及眼鏡等專門店。各自的店舖也會擺上一些店員精選的相關書籍。D 3 F 是影音區，店員親筆寫的 POP 為展示增添了活潑色彩。

地址 ｜ 熊本縣熊本市中央區安政町 1-2
電話 ｜ 096-212-9111
營業 ｜ 10:00 ～ 1:00
公休 ｜ 無休
車站 ｜ 熊本市電通町筋電站步行 3 分鐘。
HP ｜ http://www.sannenzaka.jp

📍 位在熊本市最繁華的街道，有好幾個出入口。

1F 的餐廳及小型農產市場，擁有豐富的在地產品及飲食。

07

擔任熊本文化發信的工作

蔦屋書店 熊本三年坂

BOOKS	綜合類型
SHOP NAME	創業者增田宗昭的祖父用「蔦屋」做為店鋪的屋號。承襲自江戶時代在當地經營批發店的蔦屋重三郎。
OPEN DAYS	2004 年（熊本三年坂）

「蔦屋書店」在九州共有 28 間店鋪，自開店起就堅持獨特商品風格的「熊本三年坂」，在科幻作品上的收藏陳設極為齊全，深獲科幻迷讀者的肯定。

經過 2016 年大規模的重整之後，抱著實踐「為九州人提供豐富的文化生活」的企業理念，加強體驗型活動的企劃。從現代俳劇講座到早晨瑜珈教室，再加上室內演唱會及朗讀會等活動，目前每個月舉辦 110 場的講座。作為與地方關係密切的書店，「熊本三年坂」可以說非常受到當地居民喜愛。

書店位在上通商店街靠近中央的位置。店裡藏書豐富，類型多元，特別是藝術或設計等文化性高的書籍，以及鄉土色彩強烈的書籍。

地址 I 熊本縣熊本市中央區上通町 6-23
電話 I 096-353-0555
營業 I 10:00 ～ 20:00
公休 I 無休
車站 I 熊本市電通町筋電站步行 2 分鐘。
H P I https://www.nagasakishoten.jp
📍 指標是藍底寫著大大的白色文字的招牌。

08

當地居民最喜歡的書店

長崎書店

BOOKS	— 綜合類型
SHOP NAME	— 源自創業者的名字。
OPEN DAYS	— 1889 年

1 889 年做為「長崎次郎書店」（P.178）的分店開幕。戰後，雙方選擇了不同的經營方向，由於「長崎書店」位在上通商店街這個繁華區內，所以選書上刻意偏向大眾品味，是熊本市民家喻戶曉的老書店。

走進店裡，就會看到旁邊設置了與熊本有淵源的作家及歷史人物相關的書籍區。從他們如此重視鄉土文化及地域性的態度，就可以看出老字號書店真正的風骨。同時，店裡每個月會舉辦 2 ～ 3 次的繪本原畫展及發售紀念會。這種喜歡挑戰新事物的精神，或許就是他們一直深受眾人喜愛的原因吧！

3 樓的活動場地是老倉庫改建的空間。

A

B

C

這棟擁有紅色屋頂、深具特色的教會式建築，就是只在週日營業的「ポアンカレ書店」。這間書店開店的緣由，是熊本出身的建築師兼作家坂口恭平，獨具慧眼地發現喜歡在家讀書及欣賞電影的老朋友牛島漁在選書上的眼光，從而力挺他出來開店。

店內的書架完全沒有任何廣告或 POP，只是隨意地把書陳列在架上。默默地看過去，會感覺到適合自己的書彷彿在跟自己對話，讓人不禁期待意外的相遇。不到 4 坪的店面，大約 10 個成人進來就塞滿了，也因為這樣，而成為常客們互相交流的社群據點。

09

教會？不，是古書店

ポアンカレ書店

（PoinCare 書店）

OLD 👜 ✏️

BOOKS	— 小説、童書佔多數
SHOP NAME	— 源自法國數學家儒勒·昂利·龐加萊（Jules Henri Poincaré）。
OPEN DAYS	— 2015 年 7 月 11 日

地址 | 熊本縣熊本市中央區城東町 5-18
電話 | 090-8106-4666
營業 | 14:00 ～ 19:00
公休 | 週一～六
車站 | 從熊本電鐵藤崎線藤崎宮前站步行 7 分鐘。
HP | —

📍 位在熊本城東側的坪井川沿岸。

A 其實是老加油站所改建的書店。B 書店主理人牛島先生所選的二手書，以小説及童書為主。C 從堆在一起的二手書中尋寶也很有趣，店內也販賣包包及小物等雜貨。

A 攝影集及畫冊的收藏也很豐富。B 通往 2 樓店鋪的樓梯上也擺滿了二手書及海報。C 一個人也能自在利用的咖啡廳，很多客人是為了品嚐咖啡才來書店。

地址 ∣ 大分縣大分市中央町 2-8-1 2F

電話 ∣ 097-574-7738

營業 ∣ 11:00 ～ 22:00

公休 ∣ 週一

車站 ∣ 在 JR 日豐本線大分站下車，再從西口步行 8 分鐘。

HP ∣ http://kamoshikabooks.com

📍 指標是位在 1 樓的「いわお洋裝店（岩尾洋裁店）」，西側有通往 2 樓的樓梯。

加入特製香料、細火慢燉的「羚羊印度肉末咖哩」，是岩尾先生最自豪的料理。

10

透過書本來交流！

カモシカ書店

（羚羊書店）

NEW OLD 📖 📕 👜 ☕ 🍴 🚩

BOOKS —— 綜合類型

SHOP NAME —— 發想自安托萬·迪·聖·修伯里（Antoine de Saint-Exupéry）的散文《人間大地》裡登場的羚羊。

OPEN DAYS —— 2014 年 5 月

「カモシカ書店」完全沒有「書店＝必須要安靜」這個概念。不管是跟朋友聊天，或是跟店員討論喜歡的書……在這裡所度過的溫暖時光，是這家店最大的魅力。或許是因為這完全反映了書店主理人岩尾晉作「喜歡書和人，所以想打造一間跟誰都能愉快聊天的書店」的想法吧！

書架上擺放的都是能夠打開話題、普遍受到眾人喜愛的作品。如果是這裡，或許能夠遇見改變自己的一本書或某個人也說不定。

Ⓐ 放在店頭，介紹書中摘錄文句的手寫黑板。 Ⓑ 燈泡的光線製造出溫暖的氣氛，巧妙的設計充分利用有限的空間。 Ⓒ 咖啡是用現磨豆子慢慢地手工沖泡。

地址 ｜ 長崎縣長崎市諏訪町 5-3-301

電話 ｜ 095-895-8523

營業 ｜ 13:00 ～ 19:00

公休 ｜ 週三

車站 ｜ 從長崎電軌公會堂前站步行 3 分鐘。

HP ｜ https://twitter.com/hitotter16

📍 位在距離觀光勝地眼鏡橋走路 1 分鐘的地方，在中島川沿岸。

11

要不要休息一下？

ひとやすみ書店

（休息片刻書店）

NEW OLD
📚 📚 👜 ☕ 🚩

BOOKS ── 文藝書、文學書及九州的出版社發行的書籍

SHOP NAME ── 想取一個誰都會喜歡的店名。

OPEN DAYS ── 2011 年 4 月 24 日

別具風味的手寫 POP。閱讀城下先生的介紹文字，很容易就會引起對書的好奇心。

透 過美麗手寫字體記述的摘錄文句，來當作「歡迎來訪」的招呼語。「ひとやすみ書店」的書店主理人城下康明每天都會在店頭的黑板上，寫下「讓人不禁定睛凝視的一段話」。許多人就是被這樣的感性所吸引，而成為這間書店的忠實顧客。

僅僅只有 8 坪的狹小空間，無論是咖啡或是書，都充滿書店主理人的堅持。店內的書橫跨各個領域，全都是能夠觸動感性、值得一讀的好書。大部分的書都會附上讀後感想及選擇的原因，這種細心的工作態度，能讓人深刻感受到店家對書的愛情。

A 很多書櫃都是孩子也能伸手摸到的高度，還有依年齡分類的推薦書區。B 這裡還有定期訂購繪本新書的服務。C 這間書店也會出版、販售許多已經絕版的作品及原創作品。

981 年，已故的老店主川端強為了「讓所有的孩子都能充分體會繪本的美好」，因而開設了這間書店。之後事業規模逐漸擴大，更於 1999 年成立繪本美術館，書店部門便被移到美術館 1 樓，直到今日。

版社的書，還有少部分其它出版社的新書。如今書有的發展已經超越了創業當時「為了孩子」的心願，許多大人們也會為了給朋友買禮物或是自己的需要來到這裡。

「如果需要的話，也能幫忙挑選繪本」──這裡的工作人員全都是繪本專家，「童話館」中約有 1 萬本的藏書量，主要是自家出版社的書，還有少部分其

12

將孩童及大人都帶進繪本的世界

こどもの本の店
童話館

（兒童書店 童話館）

BOOKS	— 繪本
SHOP NAME	— 因為是繪本、童話的專門店。
OPEN DAYS	— 1981 年

地址 ┃ 長崎縣長崎市南山手町 2-10
電話 ┃ 095-828-0716
營業 ┃ 10:00 ～ 17:30
公休 ┃ 週一（遇假日則順延）
車站 ┃ 從長崎電軌大浦天主堂站步行 5 分鐘。
HP ┃ http://www.douwakan.co.jp

♦ 通往大浦天主堂坡道的右手邊，是一棟 3 層樓的西洋建築。

Ⓐ 除了沖繩出身的詩人山之口貘的詩集之外，還有所有與沖繩相關的其它書籍。Ⓑ 對面是柴魚店，再往裡面就是公立市場，從店裡可以窺見市場通的喧囂與熱鬧。Ⓒ 市場通裡的所有店家都沒有門，可以很輕鬆地進入。Ⓓ 這裡也販賣明信片及一些食品。

地址 ｜ 沖繩縣那霸市牧志 3-3-1
電話 ｜ 一
營業 ｜ 11:00 ～ 18:00
公休 ｜ 週二、日
車站 ｜ 從沖繩都市單軌電車線（ゆいレール）美榮橋站南口或牧志站下車，再從西口步行 8 分鐘。
HP ｜ http://urarabooks.ti-da.net

📍 從國際通轉入唐吉軻德旁邊的市場通，穿過第一牧志公設市場的左手邊。

13

公立市場前突然出現的異空間

市場の古本屋ウララ

（市場二手書店 宇拉拉）

NEW OLD（一部）

BOOKS	— 沖繩相關書、小說、思想及藝術等
SHOP NAME	— 想取好讀又好記的名字，就用店主姓名的第一個字。
OPEN DAYS	— 2011 年 11 月 11 日

店主所寫的《全日本最小書店 URARA》，在亞洲各國都有翻譯、出版。

「如果是這麼小的面積，就算是我或許也承擔得來。」在這樣的念頭之下，曾在「淳久堂書店」工作 9 年的宇田智子，開了一間全日本最小的二手書店。

對面是聚集了那霸飲食文化的公立市場，因而吸引了來自世界各地的人們。夾雜在市場通的柴魚店與服飾店之間，讓許多「原本沒有打算逛書店」的客人忍不住順道進來逛逛，透過書跟店主產生許多交流。

只要有一個客人進來，書籍區就會狹窄得連轉身都有困難，這種狀況反而更加深了客人的好奇心，促使他們主動跟店主搭話。

A 伸浩先生也是水木茂作品的收藏家。B 店內也販賣明信片及品牌「Chappo」的帽子。C「ちはや書房」所在的若狹，能夠感受琉球王國時期的中國文化，還有榮獲第 70 屆優良公民館「最優秀館」的若狹公民館等，值得去漫步欣賞。D「二手書大多都是茶褐色，需要點綴一些色彩」，主理人的伴侶壽枝便挑選了不少生活類書籍及繪本。E 書店主理人伸浩先生十分親切健談。

地址 ｜ 沖繩縣那霸市若狹 3-2-29 1F
電話 ｜ 098-868-0839
營業 ｜ 10:00 ～ 20:00
公休 ｜ 週一
車站 ｜ 在沖繩都市單軌電車線（ゆいレール）美榮橋站下車，再從北口步行 7 分鐘。
HP ｜ http://www.chihayabooks.com
📍 位在若狹大通上那霸中學的對面。

14

沖繩書的種類那霸第一

ちはや書房

（千早書房）

NEW OLD

BOOKS — 沖繩相關書、文學、生活類書、繪本及水木茂的書等
SHOP NAME — 源自老練生意人、也是一家之主的祖母之名。
OPEN DAYS — 2006 年 3 月 12 日

「ち」はや書房」的書店主理人櫻井伸浩出身於宮城縣。某日，他的伴侶壽枝跟他說了一個笑話：「有一家沖繩的二手書店，把整間書店都放到 Yahoo 拍賣上拍賣了耶！」櫻井先生聽到這件事，立刻嚴肅地回答：「我馬上去一趟沖繩！」然後就直接離職→移居→開業。當時因為工作壓力搞壞身體，或許也佔了很大的原因。

在沖繩開二手書店，最令人驚訝的就是有非常多跟當地相關的書籍，那也是沖繩人的驕傲。因此，書店內放了各個領域的沖繩相關書籍。由於書店離機場非常近，將這裡當作沖繩旅遊的起點，或許也是一個有趣的選擇。

店內還有許多絕版的沖繩相關書，所以很多忠實顧客造訪。

187

A 沖繩本島南部遺留許多戰爭的痕跡。 B 之前販賣陶器的店主母親所精選的商品。 C 在「淳久堂書店」工作時期了解到專門書籍存在的重要性，這類書籍也是街上的書店必備。 D 咖啡廳的菜單裡有一道名為「父親過去10年興趣」的咖哩。

地址 ｜ 沖繩縣島尻郡八重瀨町屋宜
　　　原 135-2
電話 ｜ 098-998-7011
営業 ｜ 11:00 ～ 20:00
公休 ｜ 主要在週二
車站 ｜ 在沖繩都市單軌電車線（ゆいレール）旭橋站
　　　搭乘沖繩琉球巴士，縣營屋宜原團地入口站下
　　　車再步行 10 分鐘。
HP 　｜ http://kujirabooks.blogspot.com

15

傳遞沖繩的文化及歷史

くじらブックス ＆
Zou Cafe

（鯨魚書店 & Zou Cafe）

NEW OLD

BOOKS ── 沖繩相關書、文藝書、繪本、童書
SHOP NAME ── 源自夢想生活在另一個世界的生物。
OPEN DAYS ── 2018 年 2 月 1 日

為什麼會在被視為「沒有書店」的沖繩本島南部開設「くじらブックス &Zou Cafe」這間書店呢？書店主理人渡慶次美帆過去曾在「淳久堂書店」工作，她在巨大的書櫃中看到了無數本默默等待著「相遇」的好書，不禁產生了「如果身邊有更多接觸書本的機會就好了」的想法。

原本她只想開一間小小的書店，但是在與父母商量之後，他們希望這是間「能長久經營的書店」，便成了這間附設咖啡廳的複合式書店。

同時，她也想將書店打造成「了解在地文化的地方」，所以店裡引進了許多前人的遺作及戰爭時代的記錄。數量稀少的珍本，以及絕對不能忘記的各種紀錄──這間書店慢慢成為當地不可或缺的存在。

E 因為客人「想表達對書的感想」而開始的服務。（這裡可以聽你表達感想：10 分鐘 100 日元。※ 僅限店主有空的時候）**F** 特地留下二手書裡的標籤及重點線，許多人喜歡收藏這種遺留他人閱讀痕跡的書。**G** 店裡也有很多沖繩出版社發行的書。**H** 以鯨魚的造型為意象，在白色的牆壁加上藍色的線條。

A 由屋齡 110 年的古民宅改建而成。**B C** 每一箱都有選書的負責人，箱子上貼著名字及照片，還有選書人的感想，讓人在選擇時樂趣倍增。

地址 ｜ 佐賀縣佐賀市富士町古湯 761-1

電話 ｜ 0952-58-2105

營業 ｜ 圖書館‧咖啡廳／目前暫停營業
Check in ／ 16:00 〜
Check out ／〜 11:00

公休 ｜ 住宿／不定休

車站 ｜ 在 JR 佐賀站搭乘昭和巴士，古湯溫泉站下車再步行 1 分鐘。

H P ｜ http://library-inn.jp

📍 位在超市「A-COOP」附近的古民宅。

16

迎接最棒的早晨

泊まれる図書館 暁

（可以住的圖書館 暁）

BOOKS ── 小説、文藝書、繪本等

SHOP NAME ── 源自「沉迷於閱讀的次日清晨，在舒服的睡意裡幸福醒來」的想望。

OPEN DAYS ── 2016 年 10 月

在遠離日常的空間裡品嚐咖啡及好書，是一段極為奢侈的時光。

從佐賀機場搭車約 1 個小時，就能到達位在佐賀縣北部安靜溫泉區裡的「暁」。店主白石隆義本身在福岡市的設計公司工作，只有週末才會過來經營書店。後來是客人表達「如果能有間可以住的圖書館就好了」的想法，便以此為契機訂定企劃，並且找到志同道合的夥伴，經由自己工作的設計公司支援，最後讓這個企劃得以實現。

店裡的選書由住在九州的 70 位愛書人負責，大約 100 個書箱裡，塞滿了推薦人「一輩子都想放在身邊的好書」。除了圖書館，也同時經營咖啡館。不需要預約，誰都可以隨性地造訪。

九州人都知道

當地的大型書店

代表福岡及長崎的2間大型書店。
與地區共同發展，深受當地居民熱愛的書店。

長崎縣 メトロ書店
（地鐵書店）

擁有特別經歷的書店。原本是長崎站前
的電影院，後來開始在通往電影院的路
上販賣書籍，最後變成一間書店。從本
店所在的長崎開始，目前在神戶市、福
岡市共有4間店鋪。位在車站大樓、位
置優越的本店設有「讀書建議櫃檯」，
有專業人員提供選書的服務。

地址 ｜ 長崎市尾上町 1-1 アミュプラザ長崎 3F(JR
長崎站大樓)(本店)
H P ｜ https://www.metrobooks.co.jp

福岡縣 BOOKS ANTOKU

在福岡縣及熊本縣共有 5 間店鋪。除了
書籍，也販賣 CD、遊戲軟體、文具及雜
貨。三瀦店營業至深夜 12 點，在收藏
卡區花費最多心力，甚至還設置了 75
席的對戰區。假日還會舉辦對戰大會，
讓整間書店熱鬧非凡。當地的特產品展
示區也十分受歡迎。

地址 ｜ 久留米市三瀦町早津崎 892（三瀦店）
H P ｜ http://antoku.co.jp

好生活
Life
011

閱讀職人帶路的日本特色書店

作　者	荒井宏明、和気正幸、佐藤實紀代、
	ISONAGA AKIKO、田端慶子、IDEA 人字邊、雛鳥會
譯　者	楊詠婷
責任編輯	J.J.CHIEN
封面設計、內文排版	Rika Su
印　務	黃禮賢、李孟儒

STAFF

設計	別府　拓（Q .design）
DTP	くぬぎ太郎、野口暁絵（TAROWORKS）
地圖製作	マップデザイン研究室
校對	大木孝之
用紙	佐藤　悠（竹尾）
業務	峯尾良久
編輯協力	中尾祐子、長谷川 雛（G.B.）
企劃編輯	山田容子（G.B.）

出版總監	黃文慧
副總編	梁淑玲、林麗文
主編	蕭歆儀、黃佳燕、賴秉薇
行銷企劃	林彥伶

社長	郭重興
發行人兼出版總監	曾大福
出版	幸福文化／遠足文化事業股份有限公司
地址	231 新北市新店區民權路 108-1 號 8 樓
粉絲團	www.facebook.com/happinessbookrep
電話	(02) 2218-1417 傳真：(02) 2218-8057
發行	遠足文化事業股份有限公司
地址	231 新北市新店區民權路 108-2 號 9 樓
電話	(02) 2218-1417 傳真：(02) 2218-1142
電郵	service@bookrep.com.tw
郵撥帳號	19504465
客服電話	0800-221-029
網址	www.bookrep.com.tw

法律顧問	華洋法律事務所 蘇文生律師
印製	凱林印刷
初版一刷	西元 2019 年 12 月
定價	420 元

國家圖書館出版品預行編目 (CIP) 資料

閱讀職人帶路的日本特色書店：從北海道到沖繩的全日本在地書店 182 選，獨立書店、二手書店、複合式書店、書店住宿等等／荒井宏明等作；楊詠婷譯 -- 初版，-- 新北市：幸福文化出版：遠足文化發行，2019.12 面；公分

ISBN 978-957-8683-78-5（平裝）

487.631　　　　　　　　108018427

1.書業　2.日本

幸福文化

ZENKOKU TABI WO SHITE DEMO IKITAI MACHI NO HONYA SAN
Copyright © G.B.company 2018 All rights reserved. Originally published in Japan by G.B. Co. Ltd. Chinese (in traditional character only) translation rights arranged with G.B. Co. Ltd.，through CREEK & RIVER Co., Ltd.